STOP！　自殺

STOP! 自殺

～世界と日本の取り組み～

海鳴社

緒　言

自殺予防の問題が社会問題として真剣に議論され始めたのは、一九九〇年代後半にわが国の自殺者が三万人を越えたのがきっかけといってよいだろう。最近ではようやくマスコミや一般の人びとも自殺予防の問題に関心をもち始めた。本書では、日本はもとより、世界の国々が自殺予防の問題にどのように取り組んできたかを紹介する。なぜ、外国のことなどわざわざ紹介するのかと疑問に思われる方もいることだろう。わが身のことを棚に上げて、また外国をありがたがって崇めるのかと不愉快に思われる人がいるかもしれない。ここでは「そうではありません」と断言したいところだが、あえて逆説的にこう答えたい。「日本はまだまだ遅れていますよ。外国と肩を並べて誇れることばかりではありません。少なくとも自殺予防対策については、われわれは世界に学ぶ必要があります」。

本書では、アメリカ、フィンランド、スウェーデン、イギリス、フランス、オーストラリア、中国の、国家レベルの自殺予防対策の概略を提示する。中国を除いて、いわゆる先進諸国といわれる国であるが、これらの国ではすでに国家自殺予防戦略が立てられ、実行に移されてきた。そこに至る過程で、世界保健機関や国連が重要な役割をはたしたのは各国の紹介をお読みいただければおわかりになるだろう。実は日本も世界保健機関や国連の主要メンバーであり、本来のスタート地点は同じであったといえる。しかし、残念ながら、わが国の自殺予防対策は遅れをとったといわざるを得ない。さらにいえば、これらの国家自殺予防対策を有する国々は、中国を除いて、日本ほど高い自殺率を示していないのである。例えば、イギリスの自殺率は日本の約半分である。それにもかかわらず、イギリスは自殺予防対策に重点を置いた健康政策を「われらがより健康な国（Our Healthier Nation）」で掲げているのである。わが国では秋田県のような自殺率の高い自治体では自殺予防対策にきわめて熱心であるが、自殺率が日本全体の自殺率を下回るような自治体では、自殺予防対策を積極的に進めるという気運は盛り上がらないのが実情である。そのような自殺率が低いと目される自治体の自殺率より、イギリスの自殺率ははるかに低いのである。何かが違うと読者も気づかれるのではないだろうか。

「自殺率が高いから自殺予防に熱心に取り組むべきである」というのは実は消極的な理由であるといわなければならない。諸外国で自殺予防が国として取り組むべき課題であるとする理由は、「自殺は社会の努力で避けることのできる死」と考えるためである。西洋の諸国では「自殺を避けることのできる死」と考えているのに対して、わが国ではこれまで「自殺は個人的な問題であり自己責任の問題である」と捉えてきたように思われる。国や地方自治体が自殺予防の問題に一九九〇年代後半に至るまできわめて冷淡であったのは、自殺問題に対するこのような古い考えに縛られていたためである。二一世紀に入って、わが国の自殺予防に対する考え方も変化してきた。地方自治体において先進的取り組みが進んだこともあって、国として自殺予防対策にきちんと取り組むべきであるという気運がようやく生まれてきた。二〇〇四年九月に世界保健機関は、「自殺は予防可能な公衆衛生上の問題である」と宣言し、自殺予防を国家レベルで取り組むアプローチとしての公衆衛生学的手法の重要性を強調した。ある意味では、この宣言は画期的なことであり、自殺予防に国や自治体などのパブリックが関わる意義にお墨付きを与えたということができる。

手探りのなかで対策を模索するよりは、すでに経験のある国の対策を見習い、役に立ちそうなことを学ぶという姿勢は必要である。もちろん、社会構造も文化も異なる外国の事例をそのまま真似しようという姿勢は滑稽である。まずは、謙虚に実情を調べて、わが国の実情に合わせてできることとできないことを仕分けするという作業が必要だろう。そんな当たり前のことを前提にして、われわれは「世界が自殺をどのように考えているか」を調べてみることにしたのである。

本書は日本学術振興会の科学研究費補助金（平成十六年度基盤研究C）の助成を受けて行われた「自殺予防戦略の国際比較共同研究の企画調査」（研究代表者・本橋豊）という研究成果をもとに執筆されている。執筆者はこの研究事業に参加した研究者であり、手分けをして外国に実地調査を行い、国家自殺予防戦略のキーパーソンと面談してその国の実情を把握し、必要な文献を収集した。実地調査を行った国は、フィンランド、イギリス、中国、アメリカであった。その他の国の実情は入手できる文献をもとに、手分けをして執筆した。とくに、フランスの自殺予防文献はフランス語で書かれたものが中心なので、日本に紹介される機会はほとんどないのが実情であり、貴重な報告ということができる。当然のことながら、紙幅の関係で紹介できなかった国が多いのが編者としては心残りである。別の機会に、今回紹介できなかった国の実情についても報告したいと考えている。

科学研究費による研究終了後一年を経ずして、書籍の形でその成果を報告できるというのは研究者冥利につきるものでる。本書の出版をご快諾いただいた海鳴社には心から感謝申し上げる次第である。

本橋　豊

目次

第一章　自殺予防に世界はどのように取り組んできたか

（1）ヨーロッパにおける国家レベルの自殺予防対策の流れ

一九八四年、WHOヨーロッパメンバー国は、自殺の減少を主要な目標にしたものを含む「すべての人に健康を」という健康政策文書を作成した。この文書には三八の健康政策の目標が掲げられていたが、その十二番目の目標がメンタルヘルスと自殺予防に関するものであり、以下のように述べられている。「二〇〇〇年までに、精神障害の有病率を持続的かつ着実に減少させなければならない。そしてすべての人の生活の質を改善し、自殺および自殺未遂の上昇傾向を反転させなければならない」。その後、一九八六年にはイギリスのヨーク市で自殺予防活動に関する会議が開催され、ヨーロッパの多施設共同研究のアイデアが出された。この多施設共同研究は一九八九年から始動し、少なくとも二五万人の住民を対象とした疫学研究となった。さらに、自殺予防に関する国際会議がヨーロッパ各地で開催され、自殺予防に関する議論が深まっていった（一九八九年ハンガリーのセゲド市、一九九〇年イタリアのボローニャ市、一九九三年スウェーデンのストックホルム市）。一九八九年にはヨーロッパ各国での自殺予防に関する多施設共同疫学研究が始まった。

こうしたなかで、最も早い時期から国家レベルの自殺予防対策を開始したのがフィンランドであり、一九八六年から十年がかりで自殺予防対策を実施し成果をあげた。また、スウェーデン、ノルウェーといった北欧諸国がフィンランドに習い、一九九〇年代に国家レベルの自殺予防対策を始めた。

また、イギリスは一九九九年に公表した目標設定型健康増進政策である「われらがより健康な国（Our Healthier Nation）」において、自殺予防を四つの大目標のひとつに位置づけ、二〇％の自殺率の減少という数値目標を設定した。

「すべての人に健康を」の目標は、その後一九九八年にヨーロッパ各国の保健省に批准され一九九九年に公表されたWHOヨーロッパ地域事務局の目標設定型健康増進政策「健康21（Health 21）」の目標6にさらに強力な形で組み入れられ、二〇〇一年の世界保健報告にも取り上げられた。

二〇〇〇年にはWHOヨーロッパ地域事務局のメンタルヘルスプログラムによりヨーロッパのネットワークが作られ、各国の自殺予防プログラムのモニタリングが始まった。そのモニタリングの結果をまとめた文書が「ヨーロッパの自殺予防」である。この文書には二〇〇二年の時点でのWHOヨーロッパ地域事務局に加盟する各国の自殺予防対策の現状が報告されている。この文書に基づいて、ヨーロッパ各国の自殺予防の現状を概観する。

自殺予防プログラムを推進するにあたり、まず問題になるのは自殺問題が社会的文化的にタブー視されてきたということである。歴史的に見ると、多くの国において宗教的理由で自殺はよくないこととされ、法的な規制が行われてきた。まずこのような自殺をタブー視する社会的文化的雰囲気を変えることが必要である。

自殺予防の戦略は医療のアプローチと公衆衛生のアプローチに大別される。医療のアプローチでは精神疾患の医療サービスの向上、診断技術と治療技術の進歩、リハビリテーションシステムの改善などがその対策となる。一方、公衆衛生のアプローチとしては、自殺手段の規制、責任あるメディア政策、自殺や精神疾患に対する偏見を変えることなどがあげられる。公衆衛生学的対策の対象としては、学校や軍隊などのように特定の集団に絞られることは多い。

成功した自殺予防対策としてはいくつかがあげられる。医療的アプローチによる成功例としては、精神科クリニックにおける適切な治療、一般集団における精神疾患の早期発見・早期治療があげられる。また認知療法などの精神療法が自殺未遂の再発を減少させることも知られている。一般医の精神科研修により自殺率が減少したというゴットランド研究の例も知られている。

公衆衛生学的アプローチによる成功例としては、ソビエト連邦のペレストロイカ時代にアルコール消費量を減少させたことにより自殺率が減少した事例や、銃器規制や薬物規制などの自殺手段の規制により自殺率が減少した事例がある。メディアの報道を変えることも重要な対策と考えられている。また学校の場における自殺予防対策がイスラエル、スウェーデン、アメリカで行われ、自殺未遂者が減少したことが報告されている。さらに、軍隊や監獄といった特殊な場で、責任者にしっかりとした教育を行うことで自殺率が減少したことも知られている。

表1にヨーロッパ各国の国家レベルでの自殺予防対策の現状を示した（二〇〇二年の現状）。国家レベルの自殺予防対策をもつ十八カ国のうち、十一カ国で自殺予防プログラムの公式文書が出され、六カ国で議会の同意が得られている。国家プログラムの包括性と協調性には幅がある。ブルガリア、デンマーク、フィンランド、フランス、アイルランド、ノルウェー、スウェーデン、イギリスでは多様な自殺予防戦略がとられている。

表2には国家レベルの自殺予防対策の精神保健および公衆衛生の介入方策を示した。精神保健領域の介入方策としては、保健医療提供者に対する自殺リスクの早期発見や適切な治療に関する知識を増加させること、精神保健医療へのアクセスの改善を行うこと、危機介入の方法の改善、電話ホットラインサービスの提供などがあげられる。公衆衛生学的方策としては、メディアに関する対策、自殺手段へのアクセスの規制、自殺予防に関する啓発普及活動があげられる。精神保健的対応はすべての国で行われていたが、公衆衛生学的対応に関しては啓発普及活動はすべての国で行われているものの、メディア対応の政策や自殺手段のアクセスの規制はすべての国で行われているわけではなかった。公衆衛生学的対応への理解と政策的努力に不十分な点があることがわかり、今後の課題であるといえる。

表3には自殺予防対策の場の設定に関する現状である。学校の場はすべての国で対策が取られていたのに対して、職場、住居、軍隊での対策は各国でまちまちであった。そのなかではフィンランドと

表1　国家自殺予防対策をもつヨーロッパ諸国の現状
公式文書の有無と議会の同意の有無を示す
(「ヨーロッパの自殺予防」より)

	公式文書	議会の同意	
ベラルーシ	−	−	
ブルガリア	＋	−	
チェコ共和国	−	−	
デンマーク	＋	＋	
エストニア	−	−	
フィンランド	＋	−	
フランス	＋	−	
グルジア	＋	＋	
ハンガリー	−	−	
アイルランド	＋	＋	
ラトビア	−	−	
リトアニア	＋	＋	
ノルウェー	＋	＋	
ルーマニア	−	−	
スロベニア	−	−	
スウェーデン	＋	＋	一部のみ
トルコ	＋	−	
イギリス	＋	−	

表2　国家自殺予防対策の保健医療の観点と公衆衛生学的観点の有無
(「ヨーロッパの自殺予防」より)

	保健医療の観点		公衆衛生学的な観点		
	サービス	教育	メディア	アクセス	啓発普及
ベラルーシ	＋	＋	−	−	＋
ブルガリア	＋	＋	＋	−	＋
チェコ共和国	＋	＋	−	−	＋
デンマーク	＋	＋	−	−	＋
エストニア	＋	＋	−	−	＋
フィンランド	＋	＋	＋	−	＋
フランス	＋	＋	＋	＋	＋
グルジア	＋	＋	＋	−	＋
ハンガリー	＋	＋	−	−	＋
アイルランド	＋	＋	＋	＋	＋
ラトビア	＋	＋	＋	＋	＋
リトアニア	＋	＋	＋	−	＋
ノルウェー	＋	＋	＋	＋	＋
ルーマニア	＋	＋	−	−	＋
スロベニア	＋	＋	＋	−	＋
スウェーデン	＋	＋	＋	−	＋
トルコ	＋	＋	＋	−	＋
イギリス	＋	＋	＋	＋	＋

表3　国家自殺予防対策をもつヨーロッパ各国の自殺予防対策の場
（「ヨーロッパの自殺予防」より）

国名	学校	職場	住居	軍隊
ベラルーシ	＋	−	−	＋
ブルガリア	＋	−	−	＋
チェコ共和国	＋	−	−	−
デンマーク	＋	＋	−	＋
エストニア	＋	…	…	…
フィンランド	＋	＋	＋	＋
フランス	＋	…	＋	−
ハンガリー	＋	−	−	＋
アイルランド	＋	−	−	−
ラトビア	＋	＋	＋	＋
リトアニア	＋	−	＋	＋
ノルウェー	＋	＋	−	＋
ルーマニア	＋	＋	−	−
スロベニア	＋	−	−	−
スウェーデン	＋	−	−	−
トルコ	＋	−	−	＋
イギリス	＋	…	…	…

…　回答なし

ラトビアの対応がすべての場に渡っている点が注目される。

（2）ヘルスプロモーションの動向と
アメリカの自殺予防対策の流れ

二〇〇〇年四月にわが国では「健康日本21」という健康増進政策が開始されすでに五年が経過した。この「健康日本21」は、ヘルスプロモーションという積極的健康観にもとづく一次予防重視の健康づくりの考え方に基づいて作られた。「健康日本21」にはお手本があるが、そのひとつがアメリカの「健康国民2000」である。喫煙や飲酒をはじめとして、健康課題の分野ごとの健康づくりの目標を明確にし、十年後の数値目標を設定して、その目標に向けた努力をさまざまな主体が行うという枠組みである。このような健康づくり政策を目標設定型健康増進政策と呼んでいる。

ヘルスプロモーションの展開はカナダの保健大臣の名を冠した「ラロンド報告」（一九七四）を契機としている。この報告では「医療サービスが健康を決定する最も大きな要因ではない」として、「健康の問題は医学的問題というよりは社会的な問題である」とした。そして、医療サービス提供中心の保健サービスから一次予防中心の保健医療サービスへ転換すべきであるとのメッセージを示した。このような考えは一九六六年のヘルスプロモーションに関するオタワ憲章に結実し、その後の世界的なヘルスプロモーション運動へとつながっていったのである。

ラロンド報告を受けて、アメリカでは一九七九年に「健康な国民　保健医監の健康増進および疾病予防に関する報告」が出され、一九九〇年までに到達すべき五つの目標と死亡率減少のターゲットとしての四つの年齢群が示された。一九八〇年に公表された「健康増進と疾病予防　国民の目標」では十五の優先領域と二二六の具体的目標が示された。一九九〇年には「健康国民２０００」（Healthy People 2000）が公表され、優先領域と具体的目標はさらに拡大され、二二の優先領域の設定と三一九の具体的目標が設定された。健康寿命の延長、異なる集団間での不平等の是正、予防サービスへのアクセスの達成の三つの最終目標を達成すべく計画が推進された。現在はさらに「健康国民２０１０」（Healthy People 2010）が公表され、さらなる目標設定型健康増進政策の発展を期している。

アメリカのヘルスプロモーションは欧州とは別の独自の流れのなかで動いており、欧州より早くから目標設定型健康増進施策を始めたことは特筆に値する。目標設定型の政策管理手法は、自由な市場と公平な競争を前提に、民間企業における経営理念・手法などを行政の現場に導入することで、行政部門の効率化を図ろうとするニュー・パブリックマネジメント理論が行政運営理論に応用されたものである。健康増進政策のなかに目標設定型政策管理手法を導入したのは、一九八〇年代の英米の新自由主義的政策のなかで受け入れられやすいものだったといえる。「健康国民2000」ですべての分野の詳細な数値目標が設定され、自殺予防に関しても数値目標が設定された。「健康国民2000」では「健康日本21」に比べればはるかに詳細な領域と目標が設定されている。

（3）国連／WHO自殺予防ガイドライン

毎年世界中で約一〇〇万件の自殺が生じていると推定されており、自殺予防は緊急な課題である。自殺率は国によって大きく異なる。国のレベルで方針を立てて自殺予防に積極的に取り組んでいる国、ハイリスク群の自殺予防対策に焦点を絞っている国、自殺予防自体に焦点を当てるよりはメンタルヘルス全体の改善を優先すべきであるという方針の国、対策がほとんど皆無の国と、多様である。

本章では一九九六年に国連（UN）と世界保健機関（WHO）が公表した自殺予防のためのガイドラインを中心に紹介する。

国のレベルで自殺予防の対策を立てるためのガイドラインを作成し、それが現在、各国に配付されている。著者（高橋）もその作成過程に携わったので、ガイドラインが作られた経緯や、その骨子を紹介し、自殺予防に対して将来どのように取り組むべきかを示す。

1　国連／WHO自殺予防ガイドライン作成の背景

一九八七年の国連総会で自殺の問題の深刻さが認識され、国家レベルで自殺予防に対する具体的な行動を開始することが提唱された。その提唱に基づき、一九九三年五月二五〜二九日の間、カナダのカルガリで国連／WHO主催による自殺予防のための包括的国家戦略ガイドラインの立案と実施のための専門家会議が開催された。世界の十二カ国（オブザーバーを含めると十四カ国）から専門家と国連およびWHOの代表約二〇名が参加し、一週間にわたって各国の自殺の現状を発表した。それに基づいて自殺予防のためのガイドラインをまとめた。最終的には、一九九六年にガイドラインが国連で承認されて、冊子としてまとめられ、各国に配布された。

2　自殺とその影響

まず、全世界で少なく見積もっても年間一〇〇万人が自殺によって命を失っているという深刻な事態を直視しなければならない（なお、自殺に対する偏見から、全ての自殺が正確に統計に上っていないという事実を考えると、世界の年間の自殺者総数は一二〇〇万人という推定すらある）。自殺は全死亡の二・五パーセントを占めている。ほとんどの国で自殺は十位以内の死因であり、とくに若者では三位以内と深刻である。未遂者は既遂者の最低十倍（二〇倍という推定もある）は存在し、将来も同様の行動を繰り返して、結局自殺によって死亡する率がきわめて高い。自殺のもたらす経済的損失も莫大である。また自殺は死にゆく人だけの問題ではなく、遺された人に対しても重大な心理的影響を及ぼす。

《各国の実状》

専門家会議での発表・討論から次のような点が浮き彫りにされた。自殺に関する各国の実状はきわめて多様であった。

概して、社会・経済的に安定してはじめて、自殺に関心が払われる傾向がある。ただし、国のレベルにおける自殺予防対策の方針を定めている国は、先進国といえどもけっして多くはない。発展途上国では、自殺予防にほとんど関心が払われていないといっても過言ではない。

会議へは世界中のすべての国が参加したわけではなかったが、参加した十四カ国ですら、その自殺の実態と予防対策は大きく異なっていた。感染症や飢餓対策に追われるアフリカ、アジア、南米の多くの国々では、十分な自殺予防対策が実施されていないのが現状である。

自殺予防を積極的に実施している国は、欧米が中心になっているのだが、欧米諸国といえども、国のレベルでの予防対策については、各国の事情が大きく異なっている。たとえば、フィンランドは世界でも自殺率が高い国のひとつであったが、その現状を直視して、すでに国家プロジェクトを開始していた。現状を把握するための全国的な調査を開始し、それに基づいて、具体的な予防対策を立て始めている。

対照的にアメリカでは、政府による対策が実施されるのを手をこまねいて待つのではなく、過去半世紀にわたって草の根のレベルでの自殺予防活動が幅広く実施されてきた。国全体としての自殺率はこの期間を通じてほぼ一定（人口一〇万あたり一〇前後）だったが、とくに若者の自殺率が一九六〇年代から一九八〇年代にかけて、三倍にも増加した。もちろん、国立保健研究所（ＮＩＨ）や疾病対策センター（ＣＤＣ）などの国の機関が中心となって、自殺に関する実態調査、予防のための研究を実施してきたのだが、国家レベルでの自殺予防戦略が発表されたのは最近のことである。

なお、フィンランドのように国のレベルで自殺予防対策を立てようとした国と対照的だったのは、オランダの対応であった。自殺予防自体に焦点を当てた対策を取るべきかどうか検討する委員会がまず設置された。一九八六年の調査委員会報告によると、自殺予防だけをターゲットにしたプログラムは効果が上がらず、むしろ、メンタルヘルスサービス全体の底上げを図るべきという結論であった。

以下、その他の国々についても簡単に触れていこう。

カナダ　会議が開催されたアルバータ州は他の州よりも自殺率が高いため、若者を対象とした自殺予防プログラムを他の州よりも早くから始め、効果を上げていた。非政府組織の自殺予防団体の活動も活発である。

エストニア　社会変動が自殺率に直接影響した。とくに旧ソビエト連邦からの独立後、自殺が急増した。現在、バルト三国は世界でも自殺最高率国のひとつである。エストニアはスウェーデンと協力して予防対策に取り組んでいる。

ハンガリー　一貫して高い自殺率を示している。特に高齢者の自殺が深刻である。社会的なサポートシステムや援助源が乏しい。

オーストラリア　若者や先住民の自殺の増加が最重要課題とされている。とくに若者の自殺率は当時、世界でも上位を占めていた。そのため、若者を対象とした自殺予防プロジェクトが国の主導で始められていた。

中国　致死性の高い農薬が規制されていないために、農村部で自殺率が高い。殺虫剤や除草剤の効果や経済性のために、その危険性が等閑視されている。他の国々とは対照的に、女性の方が男性よりも自殺率が高いという。

日本　中高年や高齢者の自殺が問題化している。今後、さらに高齢化が進むなかで、自殺の問題が引き続き深刻である可能性が高い。自殺に対する一般の人びとの捉え方も、自殺予防活動を進めるうえでの妨げになっている。

インド　今でも自殺は犯罪とみなされている。十八〜三三歳の層で自殺率が最高である。

ナイジェリア　単純な感染症や飢餓のために多くの人びとが死亡しているアフリカ諸国では、自殺に対して十分な関心が払われていないのが現状であり、ＷＨＯに自殺率を報告していない国がほとんどである。

アラブ首長国連邦　一般にイスラム教圏では、他の文化圏に比較して、自殺率は低い。イスラム教諸国では、自殺（デュルケームのいう、利己的自殺）は家族の恥とされていて、系統的な調査は実施されていない。

以上をまとめると、次の三群に分けられる。

①包括的な自殺予防プログラムをすでに実施しているか、その計画が存在する国（たとえば、フィンランド、ノルウェー、オーストラリア、ニュージーランド、スウェーデン）
②包括的とはいえないまでも、何らかの自殺予防戦略が存在する国（アメリカ、オランダ、英国、フランス、エストニア）
③国の方針としては自殺予防戦略が存在しない国（カナダ、日本*、オーストリア、ドイツ）
*カルガリ会議が開催された一九九三年当時の現状。その後わが国でも厚生労働省による自殺予防対策事業が始まっている。

さて、一週間あまりの会議だけですべて討論し尽くされたわけではなく、参加者達はその後も、ファクシミリや電子メールで意見を交換し、草案を何度も練り直した。そして、最終的に一九九六年に国連で承認され、このガイドラインは公表される運びとなった。これは地域や個々の組織による自殺予防対策ではなくて、あくまでも国のレベルで自殺予防対策を立てるためのガイドラインである。

3 自殺予防のためのガイドライン

自殺は予防可能である場合が多いのに、適切な対策を取らないうちに、自殺が起きているのが実情である。自殺予防のためには、社会に対する働きかけと、個人に対する働きかけの両側面からの対策が必要である。たとえば、自殺に用いられる致死性の高い方法が手に入りにくくするように、法的な規制をしたり、生命を尊重する社会的規範を育むとともに、緊急に自殺を引き起こしかねない精神障害を早期に発見し、適切な治療を受けられるような社会的なネットワークを築くことが重要である。

自殺は多要因的な現象であるために、生物・心理・社会的な包括的なアプローチが必要である。現時点では、自殺予防に関して包括的な国家方針のある国は数少ない。そこで、以下に具体的にあげる点に基づいて自殺予防対策を立てることをガイドラインは提言している。

①各国の実情に合わせて独自の予防対策を立てる　すべての国に一律に適応できる予防対策は存在しない。あくまでも、各国の社会・文化的な実情や経済状況に合わせて、「今、ここで」実現可能な対策から始めていく。このガイドラインは、方向性を示す指針であって、それをもとに各国が

独自の方針を立てることが重要である。

②**自殺に関する研究、訓練、治療のための組織を作る**　国のレベルで、自殺予防を目的とした、実態調査のための研究、自殺予防のための訓練、よりよい治療法の開発を指導する機関を整備し、自殺予防対策が望ましい方向に向かっているか評価する役割を果たす。

③**総合的な取り組み**　自殺がさまざまな原因からなる複雑な現象である点を踏まえて、生物・心理・社会的視点から包括的な取り組みをしていかなければならない。単一の組織の取り組みでは不十分であり、さまざまな分野の人びとや組織が協力する必要がある。そのための調整の役割を果たす機関も設置しておく。

④**何が問題なのか**　対策を立てるためには、各国において、自殺のどのような側面が問題で、どの程度深刻なのか実態を把握しなければならない。各国における主要な問題は何かを正確にとらえるのだ。たとえば、精神障害（うつ病、統合失調症、アルコール依存症、物質関連障害、パーソナリティ障害）、家族崩壊、社会価値の崩壊、経済問題、マイノリティーの問題、特定の年代（若者、中年、高齢者）、危険な方法が容易に手に入ること（銃、毒物、農薬）、特定の地域（都市、農村部）など、さまざまな問題が自殺に密接に関連しているが、そのうちのどれが自国にとってもっとも深刻な問題であるのかを正確に把握する。

⑤**正確なデータを収集するシステムを作る**　自殺の実態をとらえるためには、正確なデータを収集するシステムが整備されていなければならない。自殺に関する全国統計さえ手に入らない国がま

だ世界ではかなりの数にのぼる。全国の実態を調査するにも同一のフォーマットにもとづく共通の調査法が必要になる。また、データを集める担当者が、適切な訓練を受けられるシステムも必要である。

⑥ハイリスク者への対策を徹底する　自殺の危険が高いことが明らかな人びとを早期に発見し、適切な治療が受けられるようにする。たとえば、重症のうつ病にかかっている人や、自殺を図った人が適切な治療を継続して受けられるような体制を確立する。現在では、自殺予防のための効果的な対策があるのに、それを活用できていないことこそが問題である。

⑦ハイリスク者を長期的にフォローアップするシステムを作る　自殺の危険が一回で終わることはむしろ例外的である。危険な事態は繰り返し起きてくる可能性が高い。そこで、自殺の危険が高いと予測される人びとが、長期間にわたって適切な治療を継続して受けられる体制を作っておく。

⑧問題解決能力を高める　自殺の危険の高い人の治療は、薬物療法や短期的な危機介入だけでは十分ではない。問題を抱えたときに自殺行動という適応度の低い解決策に出てしまうのではなく、それ以外の問題解決能力を高める心理療法的働きかけも重要である。

⑨総合的にサポートする　自殺の危険の高い人が専門的な治療を受けられるような体制を整備するばかりでなく、社会から孤立している状況から脱するように働きかけ、周囲の人びととの絆を回復する試みも大切である。また、自殺の危険の高い人が共通して抱えている社会の問題が存在するならば、その問題の解決を探ることも求められる。

⑩**患者を抱える家族をサポートする**　世界の多くの国で精神障害や自殺に対する偏見はまだ根強く残っている。患者を抱えた家族はその悩みを誰にも打ち明けられずに、生活していることも多い。このような患者を抱えた家族が互いに支えあっていく自助グループが欧米には存在する。家族は医療者に悩みをもちかけても、多忙な臨床のなかで満足な答を得られないことも多い。同じような悩みを抱え、実際に自らの手で解決策を探り出してきた家族からの助言は、他の人びとにとっても大きな励みになる。

⑪**ゲートキーパーの訓練プログラムを作る**　教師、企業の人事担当者、一般の医療関係者といった、自殺の危険の高い人を最初に発見する機会の多い人に向けて、自殺予防に対する適切な知識を訓練するプログラムを用意する。たとえば、自殺の実態、自殺の危険因子や直前のサイン、対応の仕方、治療への導入などについて正しい知識を得るためのプログラムを整備する。

⑫**一般の人びとに対して精神障害や自殺予防に関する正確な知識を普及する**　精神障害は不治であるとか、自殺は予防できないといった誤った考えが今でも根強い。そこで、精神障害や自殺予防に関する正確な知識を普及する。一年のある特定の週を「うつ病認識週間」に指定して、マスメディアを通じて積極的なキャンペーンを展開している国もすでにある。あるいは、インターネットを通じて、正しい知識を普及するのも今後の課題になる。一般の人びとに向けて、自殺は予防可能であるというメッセージを徹底的に広めていく。要するに、一般の人びとが、問題に気づいたときに、どこで正確な知識を得ることができるのか、利用可能な機関（医療機関、各種の電話

相談、講演会）などについての情報を幅広く伝達する。問題を抱えたときには助けを求めてもよいし、それが正しい解決手段だということを一般の人に教育するとともに、どこに助けを求められるかという情報を与えておく。

⑬**専門家に対する教育**　自殺には精神障害が密接に関連してくるが、医学部教育で自殺予防に焦点を当てた教育を実施している国はまだ少ない。そこで、将来、どのような科を専門にするにしても、医学生に対してプライマリケアの一環として精神障害や自殺予防についての最低限の知識を教育する。さらに、精神科を専攻する医療関係者に対しては、研修のカリキュラムにこの問題を含めるとともに、生涯教育においても最新の治療法についての教育を受けられるようにする。なお、ＷＨＯは、一般向け、セミプロ（適切な言葉が見当たらないが、企業の人事担当者のように、まったくの一般人と、医療の専門家の間に位置するような人）向け、専門家向けと、三段階に分けて、自殺予防のための知識をまとめた冊子を用意している。

⑭**プライマリケア医に対する生涯教育**　心の問題を抱えてもすぐに精神科受診につながらず、むしろ、そのような人びとが精神科以外のプライマリケア医のもとを受診している例が圧倒的に多いというのは、世界共通の認識でもある。しかし、残念なことに、一般科の医師は自殺予防や精神障害の治療に対する知識や経験が不足しているのが現状である。そこで、生涯教育の一環として、診断、薬物療法や心理療法を含めた最新の治療法などについて教育する。軽症のうつ病ならばプライマリケアの場で治療を実施していくほうが、患者にとっても抵抗は少ないかもしれないし、

欧米ではかなりの程度、プライマリケア医が精神障害を抱えた患者を治療している。また、自殺の危険が高まった場合、どの段階で精神科医療に確実に紹介するかといった判断の基準も生涯教育プログラムに組み入れていく。さらに、医師に対する生涯教育にとどまらず、看護学生、ソーシャルワーカー養成過程の学生などにも、メンタルヘルスに関する必要最小限度の知識を教育しておく。

⑮**プライマリケア医と精神科医の連携**　総合病院などではコンサルテーション・リエゾン精神医学といって、身体疾患の患者が精神的な問題を抱えたときに、精神科医が積極的に診断や治療に関与するシステムが徐々に広がってきている。このような身体医学と精神医学の連携が地域医療の場においても実施されるようになることが望ましい。たとえば、地域で開業している内科医が患者がうつ病にかかっているのではないかと考えたような場合に、同じ地域の精神科医にすぐに助言を求めたり、患者を紹介できるような環境作りをする。また、その反対に、精神科医が治療にあたっている患者に身体的な問題が生じた場合には、やはり地域のプライマリケア医に相談に乗ってもらえる態勢を作っておく。このような交流がすでにできあがっている地域もごく一部にはあるのだが、両者の間にはほとんど関係がない地域も現状では少なくない。個人レベルでの関係作りではどうしても限界があるので、地域システムとしてこのような関係を築きあげていく必要がある。

⑯**生命の価値を再考する**　価値の多様化する現代社会において、生死に関する自己決定権が強く叫

ばれている。一方で、生命の尊厳を強調することに関しては、あまり重点が置かれていないとの指摘がある。もちろん、教育といったある種、強制的な形で生命の価値を強調する方針には抵抗があるだろう。しかし、「歳をとって仕事ができなくなれば生きている価値がない」「家族の負担になるくらいならば死ぬべきだ」といった考えが、自殺の増加の背景にあることは事実であり、そのような社会的な風潮を正していく必要がある。

⑰**自殺予防教育**　欧米の一部の国々では青少年を対象とした自殺予防教育が始まっている。自殺の危機にある青少年は、実際には同世代の仲間にその絶望的な気持を打ち明ける場合が多いが、悩みを聞かされた当人もどのように対応してよいかわからず、状況をさらに悪化させている。そこで、青少年を直接対象にした自殺予防教育の必要性が提唱されている。自殺の実態、ストレスと自殺、自殺のサイン、自殺の危険の高い人にどのように対応するか、地域の既存の精神保健の機関などについて取り上げていく。

⑱**危険な手段に対する規制**　家庭用ガスから一酸化炭素を除去することによって、自殺率が下がったという英国の例もある。このように、危険な手段に対する規制も、自殺予防の重要な課題になっている。中国では今も、致死性の高い農薬が容易に手に入る。また、米国の青少年の自殺率の急増は、家庭における銃の数の増加と並行しているとの報告もある。そこで、たとえば、きわめて毒性の高い殺虫剤や除草剤、あるいは銃の規制などによって、自殺率を下げることができる可能性がある。自殺予防にはこういった環境面での対策も必要になってくる。

⑲遺された人のケア　自殺は、死にゆく人びとだけの問題にとどまらず、遺された家族や知人にも深い心の傷を負わせかねない。自殺に対する偏見から、このような人びとは口を閉ざしてしまいかねない。遺族自身が後に精神障害にかかったり、最悪の場合は自殺の危険さえ生じることもある。したがって、このような人びとに対する適切なケアや自助グループを作ることへの援助なども今後の課題になっている。

⑳マスメディアとの協力関係を築く　高度に情報化した現代社会ではセンセーショナルな自殺報道が、他の複数の自殺を引き起こす危険が高い。したがって、マスメディアとの協力関係を日頃から打ち立てておかないと、報道の仕方によっては危険な事態が生じかねない。理想的には、マスメディア自身が自殺報道に関するプレス・コードを作るようにしてほしい。なお、マスメディアと敵対するのは問題である。むしろ、マスメディアは自殺予防に直結する重要な情報を一般の人に広く提供するという重要な役割を果たすことも可能であるので、その点を強調する。一般の人びとに、自殺予防のための建設的な情報を積極的に報道するように協力を求めるのだ。自殺の危険を示すサインは何か、それにどう対応するか、どこに援助を求めるかといった情報を積極的に報道してほしい。

（4）まとめ

以上、国連／WHOによる国レベルの自殺予防のためのガイドラインの骨子を紹介し、自殺予防の将来についてまとめた。これまで自殺予防対策の一連の流れに触れてきたが、まとめておく。①国としての方針を決める。②調査、教育、研究を主導する機関を設ける。③適切な全国調査を実施して、現状を認識する。④何が問題か正確に把握する。⑤短期的、長期的な目標を定める（あくまでも達成可能な目標を立てる）。⑥自殺予防のための計画を立案する。⑦計画を実施する。⑧成果や失敗に関して評価をする。⑨これまでの経験をもとに、現状にあった計画に改訂していく。

わが国を含めて、これまで多くの国々では自殺の問題をことさら隠すという風潮が強かった。しかし、そのような態度を続けるのではなく、正確な調査をして、実態をつかみ、適切な対策を取るべきであると国連やWHOは提唱している。

なお、このガイドラインを全面的に実施できている国は世界中でもほんの一握りの数でしかない。政府および非政府組織が協力して自殺予防にあたっている国も少ない。各国は必要に応じた自殺予防対策を立てるべきである。重要な点は、ガイドラインに沿って、各国の文化・社会・経済的な実状に応じた自殺予防対策を立てることである。各国で実施可能な自殺予防対策は何かを考えることがもっとも重要である。そのためには、政府機関、非政府機関を問わず、関係する組織が可能なかぎり数多く参加して、協力体制を築きあげなければならない。

そして、社会一般に対する啓発活動を通じて正しい知識を普及させて、精神障害や自殺に対する偏見を減らすとともに、精神科医療全体を改善させていく必要もある。自殺予防に対して、直ちに効果の出るような万能の対策などは残念ながら存在しない。地道な努力を積み重ねることによって、時間をかけて、その効果が出るのを期待していくしかない。自殺予防対策が実際に効果を上げるには、最低でも十数年の単位でこの問題に取り組んでいく必要があるのだ。

なお、このガイドラインの有効性を検証し、改定すべき点についても議論する会議が、その後も、一九九八年五月十六～二一日（アムステルダム、オランダ）、二〇〇四年八月十五～十九日（ザルツブルク、オーストリア）で開催されてきたことについても最後に付記しておく。

（1・2節：本橋豊、3・4節：高橋祥友）

参考文献

1　世界保健機関（WHO）「ヨーロッパの自殺予防――WHOの国家自殺予防プログラムと戦略の欧州モニタリング調査」、二〇〇二年、ジュネーブ

第二章　世界における自殺予防対策の概要と介入の成果

(1) どのような発想で世界の自殺予防対策は立案されているか

現在、世界各国で自殺予防対策が進められているが、その多くの国は一九九六年に出された「国連・WHOの国家自殺予防戦略策定と実施のためのガイドライン」に基づいて行われてきた。第一章では世界各国の現状と対策の実施状況をWHOの文書にもとづいて示したが、別の観点から要約することもできる。

そもそも自殺予防対策を公衆衛生の課題と捉えて、保健医療のアプローチと公衆衛生のアプローチで進めるというのがWHOの基本コンセプトであった。各国の国家自殺予防プログラムを詳細に検討してみると、古典的な公衆衛生学の考え方に力点をおいたものと新しい公衆衛生学であるヘルスプロモーションの考え方に力点をおいたものの二つに大まかに分けられるように思われる。

古典的な公衆衛生学の考え方とは、いわゆる予防医学の考え方であり、一次予防、二次予防、三次予防という考え方が基本になっている。一次予防とは病気になる前に健康増進を図り病気にならないようにすることをいう。高血圧にならないように塩分を控えるといった具合である。二次予防とは病気の早期発見・早期治療により病気を重症化しないうちに治してしまおうということをいう。健康診断や人間ドックで病気を見つけて早く治してしまうというのがその具体例である。三次予防とはいわゆるリハビリテーションのことで、病気の後遺症や機能障害などを軽くして社会復帰を図ることである。脳卒中後の身体の麻痺に対して機能訓練を行うことなどがその例であるが、社会復帰に至る社会的支援なども含まれる。

自殺予防にこの予防医学の考え方を当てはめることができる。しかし、自殺予防学では一次予防のことをプリベンション（prevention）、二次予防ことをインターベンション（intervention）、三次予防のことをポストベンション（postvention）ということが多い。自殺した人は死んでいるので、三次予防はありえないから、ポストベンションという用語が使われるという説明がなされる。自殺予防という現象を個人のレベルで論じれば確かにそのとおりであるが、集団を対象に予防活動を行う場合には三次予防という言い方も十分に理由があることをここでは指摘しておきたい。

そもそも一次予防、二次予防、三次予防とは集団を念頭において行う予防対策を公衆衛生学では指している。自殺した個人は不幸にも死んでしまったが、同じ集団に属する遺された家族や友人は強い精神的ストレスを受けて、新たな自殺のリスクを背負いこむ可能性があるのである。地域あるいは集団として自殺予防を考えるならば、自殺が起きたあとの同一集団内の人びとの心の問題を予防という観点から考えていかなければならないのである。それは集団としてのリハビリテーションということになり、とりもなおさず、三次予防ということができるのである。スウェーデンの自殺予防対策の三側面モデルはこのような予防医学の考えをもとにしていると思われる。

古典的な公衆衛生学のもうひとつの自殺予防へのアプローチは疫学の発想から出たもので、介入を行う対象に着目して行う対策の視点である。アメリカの自殺予防対策で示されている、全集団への介入方策、リスク集団への介入方策、リスクの高い個人への介入方策、という三つの分類がこれに該当する。このアプローチは具体的な介入方策を念頭において、対策を検討できるという利点があり、ある意味で非常に実践的である。

一方、新しい公衆衛生学であるヘルスプロモーションのアプローチに力点を置く自殺予防対策として、フィンランドやオーストラリアの国家自殺予防プログラムがあげられる。オーストラリアの自殺予防プログラムではとくにこの点が明確に打ち出されている。

ヘルスプロモーションに力点を置いたアプローチでは、うつ病などの精神医学的アプローチよりは、包括的アプローチが重視されるとともに、関係する団体の連携（パートナーシップ）、ネットワークの構築、関係者のエンパワメント、地方分権に対応した地方レベルの自殺予防プログラムの重視、社会的弱者への対策の重視などが特徴的である。

ＷＨＯは一九九六年のオタワ宣言を皮切りに、ヘルスプロモーションに関するさまざまな宣言を出し、ヘルスプロモーションの理念を発展させてきた。一九九八年に出されたジャカルタ宣言では、とくに連携（パートナーシップ）の拡大が強調された。ジャカルタ宣言で示されたヘルスプロモーションプログラムの優先領域は次の五つである。

1　健康の実現に向けて積極的に社会的責任を担うこと
2　健康への投資を増やすこと
3　健康部門以外の他の部門との連携を拡大すること
4　個人と地域のエンパワメントを図ること
5　健康増進の基盤整備を進めること

ここで示された他部門との連携の拡大やエンパワメントは各国の自殺予防対策で重視されている理念となっている。とくにオーストラリアでは連携の構築が重視され、国、州・特別地域、地方の連携をいかに強化していくかということを具体化している。また、アボリジニなどの先住民への健康上の公正の確保という観点を重視しているが、これはヘルスプロモーションの基本理念に合致している。

フィンランドの自殺予防対策もヘルスプロモーションの考え方にもとづく包括的な自殺予防対策である。自殺予防に関わるさまざまな主体が相互に影響しあいながら対策を進めていくという「相互影響モデル」はネットワークと連携を念頭においた自殺予防のモデルであり、ヘルスプロモーションの考え方に基づくモデルである。

表1に、どのような発想で世界の自殺予防対策が立案されているかを示した。自殺予防は公衆衛生

表1　どのような発想で世界の自殺予防対策は立案されているか

（1）古典的な予防医学の考え方にもとづく自殺予防対策
　プリベンション（一次予防）
　インターベンション（二次予防）
　ポストベンション（三次予防）
（2）介入の対象にもとづく自殺予防対策
　全集団に対する介入方策
　リスクの高い集団に対する介入方策
　リスクの高い個人に対する介入方策
　（集団アプローチとハイリスクアプローチとも分類できる）
（3）ヘルスプロモーションの理念にもとづく自殺予防対策
　連携（パートナーシップ）の重視
　ネットワークの構築
　関係者のエンパワメント
　地方分権に対応した地方レベルの自殺予防プログラムの重視
　社会的弱者への対策の重視

の課題であるとされて久しいが、取るべき公衆衛生学的対策は、新しい公衆衛生学（すなわち、集団への対応を重視し連携や参加を重視するヘルスプロモーション）と古典的な公衆衛生学（個人のリスク要因を重視し医学的観点を重視する公衆衛生学）とでは発想が異なっているのである。さらに具体的にいえば、公衆衛生学的対策として、銃器の規制、薬物の規制、といった行政主導の規制を念頭におくのは古典的公衆衛生学の発想である。これに対して、NPOなどとの公民連携の推進や社会的支援のネットワークの形成を促す、メディア関係者が主体的に報道ガイドラインを作成するのを支援する、地方の自殺予防戦略を側面から支援するなどのソフトな方策で個人や地域のエンパワメントを図っていくなどの対策は、新しい公衆衛生学たるヘルスプロモーションのアプローチである。今後ますます重視されるのはヘルスプロモーションのアプローチであることをここでは指摘しておく。

（2）世界各国の自殺予防対策の成果

国家レベルの自殺予防対策は包括的な施策のパッケージで行われるので、個別のどのような対策が効を奏したのかを評価することはきわめて難しい。また、自殺予防対策以外のさまざまな社会経済的な影響が排除できないため、自殺予防対策単独の影響を評価することが難しい。

たとえば、フィンランドの国家自殺予防対策は成功例として語られることが多いが、自殺予防対策以前から自殺率の減少傾向が始まったこともあり、外部評価においても、自殺率の減少が対策によるものかどうかを厳密に評価することは難しいとされた。また、フィンランドの自殺予防対策の実施時期と一致して、ソビエト連邦の崩壊という突発的な政治事件が起き、経済面でも大きな影響を与えた。このような大事件が起きたにもかかわらず、自殺率の減少傾向が反転しなかったことが、自殺予防対策の効果かもしれないという消極的な評価が下されているくらいである。

一九九〇年代のアメリカの「健康国民２０００」において掲げられた自殺率減少の数値目標は一九

九七年に達成されたが、これが自殺予防対策によるものかどうかは定かではない。なぜならば、一九九〇年代前半においては、アメリカの国家自殺予防戦略はまだ本格的に始動しておらず、国家的な戦略のもとに自殺予防対策が系統的に行われたわけではないからである。

スウェーデンにおいても、一九九〇年代前半から国家自殺予防対策が始まったが、二〇〇〇年に入っても対策の評価は明確に示されていない。

オーストラリアは一九九〇年代後半から中央と地方のレベルで熱心に自殺予防対策を始めたが、国全体の自殺率そのものが低く、時系列の変動幅も狭いため、自殺率減少という結果指標で評価することと自体が難しいように思われ、現時点でも明確な評価はなされていない。

このように、国家レベルの自殺予防対策そのものが各国で本格的に始まったのが、一九九〇年代後半からなので、いまだ厳密な評価の段階には至っていないと考えられる。したがって、現時点での多くの国の国家自殺予防対策の評価は不十分であり、今後の課題であるというのが現状である。

一方で、個別的な対策の評価はすでに、科学的な根拠があると報告されているものがある。本書において、トピックスという形で触れた事例は対策が有効であったというものを中心に触れている。例えば、スウェーデンのゴットランド研究では一般医（開業医）のうつ病研修による診断・治療能力の向上により自殺率を低下させることができたという事例である。また、アメリカ空軍の自殺予防に関する啓発普及を中心とした一次予防的介入により自殺率が低下したという事例が報告されている。これらの事例は疫学的手法で介入の効果を検証したものである。ただし、自殺予防対策の介入という研究の性質上、最も科学的な根拠の質が高いとされるランダム化比較対照試験の実施は現実には困難であり、介入前後での比較を行うという研究デザインのものが多い。

日本の報告でいえば、新潟県松之山町のうつ病のスクリーニングと地域精神保健活動の活発化により地域の自殺者数が減少した事例や、やはり同様の地域介入を行い自殺率の減少を認めた岩手県浄法寺町の事例が効果ありと認められた事例としてあげられる。このような地域介入の研究では、介入した地域と隣接する介入しなかった地域の比較という形の準実験デザインで結果を検証することが可能であり、実際にそのような分析が行われている。本書で紹介した秋田県の自殺予防対策モデル町での自殺率減少の研究もそのような例であり、介入した町と隣接する同じ二次医療圏での非介入地域を比較するという手順を取っている。このような研究手順を踏むことで、地域における地域づくり型の自殺予防の一次予防的介入が、少なくとも農村部においては効果的であることが、わが国では確認されつつあるということができるだろう。

さて、わが国では平成十七年度より、厚生労働省が健康フロンティア戦略研究のなかに「うつ戦略研究」を設定し、介入群七万五〇〇〇人、対照群七万五〇〇〇人を追跡して一次予防的な自殺予防介入が都市部において、自殺率を低下させることができるのか、という厳密な研究が実施されることになった。このような研究デザインは無作為化されていない比較介入試験といわれ、科学的根拠の質は最高レベルとはいえないが、高い質をもった研究デザインということができる。この戦略研究においては、自殺と自殺未遂の発生を結果指標として自殺予防に関する科学的根拠を示すという目的と、研究実施により実質的に当該地域における自殺率を低下させるという現実的な目的が設定されている。このような大規模な追跡研究を行うことは学術的には意義が大きく、わが国の自殺予防対策に実質的に寄与することが期待されている。

（3）ポストベンション

疾病の予防はしばしば一次予防、二次予防、三次予防に分類される。一次予防とは、疾病についての正しい知識を普及させたり、原因を取り除くことによって、疾病の発生自体を予防することである。二次予防とは、疾病に罹患した場合に、それを早期に診断し、適切な治療を実施することによって、疾病のもたらす障害の期間を可能なかぎり短縮させようとするものである。さらに、三次予防とは、疾病に罹患してしまったとしても、それに伴う後遺症を可能なかぎり少なくして、社会生活に及ぼす障害を減らし、日常生活への早期の復帰をうながすことを指す。

自殺の背後にはしばしば精神障害が存在しているものの、自殺そのものを疾病ととらえることができないため、自殺予防では、別の用語で三段階を表わすが、基本的な考え方は大きく異なるものではない。

すなわち、自殺予防はプリベンション（prevention）、インターベンション（intervention）、ポストベンション（postvention)に分けられる。プリベンションとは、現時点でただちに危険が迫っているわけではないが、その原因などを事前に取り除いて、自殺が起きるのを予防することを指す。自殺予防教育なども広い意味でのプリベンションに含まれる。インターベンションとは、今まさに起こりつつある自殺の危険に介入し、自殺を防ぐことである。ある人が薬を多量にのんで自殺を図ったとする。胃洗浄をして、救命し、自殺が起きるのを防ぐといった処置もこれにあたる。ポストベンションとは、不幸にして自殺が生じてしまった場合に、他の人びとに及ぼす心理的影響を可能な限り少なくする対策を取ることを意味している。

さて、最近になってわが国でもようやくプリベンションに関して徐々に社会的な関心が高まってきた。しかし、現段階で実際に行われているのは、ほとんどがインターベンションであって、プリベンションやポストベンションはごく限られた範囲で実施されているにすぎない。

自殺予防に全力を尽くすことは当然である。しかし、どれほど努力してもすべての自殺が予防できるわけではないこともまた現実である。そこで、不幸にして自殺が起きてしまったときに遺された人をケアする必要がある。

強い絆のあった人が自ら命を絶つと、病死や事故死よりも、遺された人にははるかに重大な衝撃をもたらす。多くの人は時とともに、心の傷から立ち直るかもしれない。しかし、そのような幸運な人びとばかりではない。一見、気丈に振舞っているように見える人であっても、その後、不安障害、うつ病、ＰＴＳＤ（心的外傷後ストレス障害）などを発病することさえある。こうなると、専門的な治療が必要になってしまう。最悪の場合は、複数の自殺が誘発される群発自殺という現象さえ生じかねない。したがって、自殺が生じた場合、遺された人びとに適切なケアをする必要がある。

本章では、米国におけるポストベンション活動の一部を紹介する。

1　米国におけるポストベンションの自助グループ

さて、自殺の後に遺された人びとだけでなく、すべての分野で自助グループの活動が活発な米国の様子を著者（高橋）が見聞した範囲で伝えたい。

著者は米国自殺予防学会（ＡＡＳ）の会員である。この学会には、精神科医、看護師、臨床心理士、ソーシャルワーカーといった精神保健の専門家ばかりでなく、社会学者、法律家、電話相談のボランティア、教育者、聖職者、ジャーナリストなども参加している。

そして、精神的に強い絆があった人の自殺を経験した人びとも重要なメンバーである。彼らは自らをサバイバー（survivor）と呼んでいる。

最初にサバイバーという言葉を耳にしたときに、自殺を図ったものの幸い救命された人自身を指すのかと著者は思った。そのような人ももちろん含まれるのだが、むしろ精神的に強い絆のあった人を自殺で失った人を指している。

サバイバーのための自助グループの原点は、家族や恋人や親友が自殺するといった苦痛に満ちた体験をした人びとが、自分の経験を通じて、同じような問題を抱えた人びとの助けになろうということである。

彼らは政府や行政機関が動いてくれるのを待っているわけではない。まず、自分たちのできる範囲で、「今、ここで」何ができるか、草の根の運動を展開している。そのような前向きの態度には、いかにも米国らしい力強さを感じる。

実際に自助グループを運営している人の例をあげてみよう。オレゴン州ウエスト・リンに住むヴァージニア・ベンダーは七〇代の女性である。小柄で太ったこの女性は、優しいアメリカのお婆さんのイメージそのままの人である。

一九九八年十月にシアトルで開かれたサバイバーの大会に出席したときに著者はベンダーさんと知り合い、それ以来、米国自殺予防学会の例会に出席するたびに声を掛け合っている。

彼女はかつて十九歳の娘を自殺で亡くすという痛ましい経験をした。娘の死をなんとか乗り越えるまでには、さまざまな苦しみがあったという。娘を救えなかったことに対して自分を責め、自殺の原因は自分にあったのではないかとさえ考えた。自らも娘の後を追うことさえ頭をかすめた。もちろん、今でもしばしば娘のことを思い出す。しかし、最近になって、娘に対する愛情が深ければ深いほど、その苦しみも悲しみも強いのだという点に気づき、ようやく少しずつではあるが死を受け入れられるようになってきたという。

彼女は自分と同じように愛する人を自殺で失った人びとの支えになろうとしてきた。ボランティアで、誰からの援助も受けずに、まず自分でできることは何かと考えたのである。

まず、パソコンを習って、小冊子を作った。そのなかには、自殺の危険の高い人の特徴を彼女なりに理解し、やさしい言葉で解説したものが書いてある。そして、自助グループの会合の日取りも入れておいた。その小冊子をコピーして、何部か作った。それを地元の新聞社に送ったのである。病院、警察署、葬儀場、コミュニティ・センターにもその小冊子を置いてきた。

小冊子には、自殺の後に遺された人びとが経験するこころの動きについて誰にでもわかりやすい言葉で書かれてある。そして、愛する人の自殺について悩んでいる人が、その気持を誰かに打ち明けたいと考えているのならば、いつでも電話をしてきてほしいと、自宅の電話番号も小冊子に載せてある。

また、定期的に自宅を開放し、愛する人が自殺したことによって悩んでいる人びとのための自助グループを開いている。

彼女は自助グループの活動は、あくまでもよき隣人の範囲を超えてはならないと考えている。どれほど苦しい思いをしたかを、同じような経験のある人びとに聞いてもらうのが最も大切だと考えている。

グループに参加するのは各人の自由だが、明らかにうつ病にかかっていたりして、治療が必要な人には、まず治療を受けることを助言している。もちろん、治療を受けながら、担当医の助言のもとで、それと並行して自助グループに参加したいという人には、参加してもらっている。

なお、この自助グループはあくまでも、同じように、愛する人を自殺で失った人びとが互いに支え合うためのグループであって、専門家に同席してもらうことは原則的にはしないという。ときどき、地元の専門家を招いて、お茶を飲みながら、こころの病や自殺予防について話を聞くことはあっても、あくまでも活動の主体はサバイバー自身なのである。

彼女は、自助グループの長所について次のように考えている。専門家は専門家として、その意見は貴重だが、やはり、専門家と素人の対話というのは、縦の対話になりかねないというのだ。

貴重な知識や意見に裏打ちされているのだが、「私の苦しみを同じように経験したわけではない」という気持も正直なところ、遺された人びとの心のなかにはいつも浮かんできてしまいかねない。

そこへいくと、「私も息子が自殺した直後の気持はあなたと同じだった」というように、同様の体験をした人からの話や助言は、素直に耳に入ってくるし、この場でならば、一切包み隠さずにありのままの感情を表現しても、大声で訴えても、涙を流してもかまわないのだという気持になれる。

いつでもどのように感情を表してもよいし、涙を流してもよいということを示すかのように、集会の際には出席者の輪の真ん中にティッシュ・ペーパーの箱が置かれている。

専門家との対話が縦のコミュニケーションだとすると、同じような経験をした者同士の対話は横のコミュニケーションで、平等の対話が成り立つというのだ。もちろん、専門家ではないということの限界をいつも念頭に置きながら、活動を続けている。

このような草の根の活動をしているグループは全米各地にある。そして、米国自殺予防学会の非常に大きな一角を占める重要なメンバーとなっている。

2　自助グループの組織化

次にワイロック夫妻を紹介しよう。七〇歳代の夫婦だが、娘を自殺で亡くしている。娘は研修医になったばかりで、一家の期待の星だった。その人が二〇歳代後半で自殺し、この世を去った。精神的なショックで、ワイロック夫妻は二度と立ち直れないと思った時期もあったという。

しかし、自分たちと同じように苦しい体験をしている人びとが米国中に、いや全世界に数多くいるのではないかと思い立ち、自殺予防のための全国組織である自殺予防アドボカシーネットワーク（SPAN）を作った。さらに、運動を推し進めて、サバイバーのグループを全国組織化していった。

自殺予防アドボカシーネットワークが設立された目的は、自殺が社会的にきわめて深刻な問題であることを一般の人びとに啓発し、自殺を経験した遺族、医療の専門家、政府との連帯を図り、自殺予防についての研究・実践を進めることを目的としている。

ワイロックがかつてワシントンでロビイストとして働いていたこともあって、首都には氏の人脈が広く張り巡らされていた。自身も子供を自殺で亡くした上院議員からも協力を取り付けることに成功した。自殺予防アドボカシーネットワークは結局、上院を動かすまでになり、自殺予防のための実態調査や啓発活動をする法案まで通した。（この間の事情については、他の章で詳しく解説してあるので、参照していただきたい。）

この話を最初に聞いたときに著者はいかにも米国らしい動きだと、つくづく感心したものである。

行政機関や政府の動きを待つのではなく、問題に気づいたならば、まず自分たちにできることは何かと彼らは考えるのだ。さらに、同じような活動をしている人びとと連帯し、議会や政府を動かそうとさえする。

（4）マスメディアと自殺報道*

ある人物の自殺が生じたのちに、他の複数の自殺が誘発される群発自殺（clustered suicide）という現象が知られている。群発自殺はけっして稀な現象ではなく、地域、学校、病院などでも生じている（文献1・2）。

高度に情報化した現代社会においてマスメディアは、自殺予防に大きな貢献をする可能性がある反面、報道の仕方によっては広範囲に及ぶ複数の自殺を誘発する危険についても指摘されている。本論では、マスメディアと自殺に関して主に欧米で行われてきた研究について総説する。

ある種の自殺では「伝染」や「模倣」が大きな役割を果たしていることが古くから指摘されてきた

＊本論は、高橋祥友「マスメディアと自殺」、防衛医科大学校雑誌、29(3):75-83, 2005. を一部修正して転載したものである。

た（文献3）。しかし、科学的な検討が始ったのは十九世紀半ばになってからであった。英国のファーは科学論文でこの問題について初めて言及した一人であり、一八四一年に発表した論文のなかで「しばしば自殺が模倣によって生ずることは明白な科学的事実である」と主張した。

ところが、十九世紀末にフランスの社会学者デュルケームは『自殺論』のなかで一章すべてを使って、自殺と模倣の影響について考察し、両者の間には明らかな因果関係がないと結論した。近代の自殺学において、デュルケームの影響があまりにも大きかったために、この種の研究を大幅に遅らせてしまったといっても過言ではないだろう。

精神医学や社会学の分野で、自殺に及ぼす模倣性や伝染性の役割、とくに群発自殺とマスメディアの関係について詳しく検討されるようになったのは、ようやく一九六〇年代後半からのことである。

1　新聞報道の影響

①米国における研究

精神科医のモットー（文献4）は一九六七年に発表した論文で新聞のストライキがあった期間には自殺率が減少するのではないかという仮説を立てて、それを検証した。米国の七都市において新聞のストライキがあった期間の自殺率を、過去五年間の同時期の自殺率と比較した。人口の増加、人口の特徴、季節による自殺率の変動、年間の自殺率の特徴なども考慮に入れて、調査に影響を及ぼさないように工夫した。モットーらの調査では、デトロイトで起きた二六八日間に及んだ新聞のストライキ期間中に、過去四年間と、翌年に比べて、女性の自殺率が減少していたことが確認されたが、その他の都市では仮説を証明できなかった。

ただし、この調査では、いくつかの方法論上の問題点が指摘されている。すなわち、ラジオやテレビのニュースの影響や、隣接地域から運び込まれる新聞の影響について考慮されていなかった。また、たまたま調査期間中に社会の関心を引くような自殺が起きていなかった可能性も指摘された。報道に値する自殺が起きていなければ、新聞がストライキであろうがなかろうが影響は出ないというのだ。

社会学者のフィリップス（文献5）は、研究方法を変えて新たに調査を行った。まず、ニューヨークタイムズの一面に掲載された自殺の記事をすべて収集した。そして、自殺者数の季節変動による影響を修正したうえで、一九四七年から一九六七年の期間における全米の月刊自殺統計を調査し、一面に掲載された自殺記事が他者の自殺に及ぼす影響を調べた。その結果、新聞の一面に自殺記事が載った直後に、自殺は統計学的に有意に増加していた。そして、フィリップスはこの現象をウェルテル効果と名付けた（ゲーテの『若きウェルテルの悩み』が出版された後に、主人公と同じように自殺する若者がヨーロッパ各地で相次いだという故事に基づいている）。

フィリップスは自殺報道が自殺の模倣に影響を及ぼしていることを確認するために次の点についても検討した。模倣によってウェルテル効果が起きているとするならば、①他の自殺は、自殺の記事が掲載された直後に増えるのであって、その前には増加を認めない、②ある自殺が大きく扱われれば扱われるほど、その後に起きる自殺の規模も大きなものになる、③大きな影響の出る他の自殺は、主として自殺の記事が入手できる地域に限定されるはずである。このような主な三点について検討した結果も、仮説に一致していた。

さらに、フィリップスは次のような点についても検討した。

第一に、マスメディアが特定の自殺をとくに大きく扱った場合、検死官の判断が変化する可能性はないだろうか？　すなわち、いつもならば事故死や不審死などとして処理される例が、報道の影響を受けて、自殺と判断される傾向はないだろうかという疑問である。しかし、すべてを検討した結果、自殺報道の後に、他の自殺が増える傾向は認められたが、その分だけ事故死や不審死などが減る傾向は認められなかったので、この疑問は否定された。

第二に、自殺が報道されても、されなくても、結局起きたはずの自殺が単に報道のために引き起こされた可能性はないだろうか？　もしも、そうであるならば、報道の直後に自殺数が増えて、その後に平均値よりもさらに減少するというパターンになるはずである。しかし、いったん自殺が増加をみたものの、その後、減少するというパターンは認められなかったので、やはりこの疑問も否定された。

第三に、不況などといった社会的状況の変化が自殺の増加に関与している可能性はないだろうか？しかし、これでは自殺報道の直後に他者の自殺が増加している事実や、自殺がマスメディアによって大きく取り上げられるほど他者の自殺が増えるという事実を説明できない。したがって、やはりこの疑問も否定された。

このような点を検討したうえで、フィリップスは、群発自殺を引き起こしている原因として妥当なものは被暗示性や模倣性にあると結論した。

さらに、ワッセルマンはフィリップスの結果を追跡調査した（文献6）。フィリップスの調査期間は一九四七年から一九六七年だったが、その期間を一九四六年から一九七七年と延ばして調査した。この調査では著名人の自殺の記事が他者の自殺を誘発する傾向が高いと結論した。スタック（文献7）も、政治家や芸能人といった著名人の自殺報道がその後大きな影響を及ぼす可能性について指摘している。

②新聞報道と自動車事故死

さらに、フィリップス（文献8）は自殺報道が自動車事故死に及ぼす影響についても調査を進めた。まず、フィリップスは一九六六年から一九七三年のカリフォルニアの自動車事故死を調べた。年、月、曜日、休日ごとの事故の変動を考慮したうえで調査したところ、自殺記事が掲載された後の三日後にこの種の交通事故死がピークに達し、記事が出る前と比較して約三割増加した。また、自殺が大きく取り扱われたほど、自動車事故による死亡数も増えるといった相関関係があった。さらに、自殺が報道された地域で自動車事故が増えるという点も明らかになった。

とくに増加したのは、他の自動車や歩行者を巻き込まない、自損事故（他の自動車や歩行者には被害を与えず、自動車が壁などに激突して、その車に乗っていた人だけが犠牲になった事故）による死亡が圧倒的に多かった。そして、運転者の特徴は、自殺の記事に詳しく説明されていた人と類似していた点も明らかになった。興味深い点として、他者を殺害した後、自らも生命を絶つという、他殺・

自殺複合体の記事が出た後は、他の自動車も巻き込んだ事故が増え、一人だけで自殺した記事の後は、一人の人間が自動車を運転し自分だけが死亡する自動車事故が増えていた。

リットマン（文献9）も、運転者以外に同乗者のいない自動車事故で死亡した例を調べると、その死亡した運転者の特徴は自殺者のプロフィールに類似していたと指摘した。したがって、自動車事故死とされている例のなかにはかなりの数の自殺が隠されているのではないかと考えられた。この結果から、マスメディアが自殺を大きく取り上げた後には、自殺が明らかに増加し、そのうちの何らかの部分は交通事故死という形を取っていることが示唆された。ボーレンら（文献10）もデトロイトのデータを調査して、同様の結果を得ている。

前述したカリフォルニアの自動車事故死の調査では、自殺・他殺複合体の記事と自殺の記事では、その後に起きる自殺に対する影響に差が出ることを示している。さらに、フィリップス（文献11）は自殺・他殺複合体の記事が自家用飛行機事故に及ぼす影響を調べたが、記事が出た後の九日間は統計的に有意に事故が増える傾向を認めた。ただし、どの程度大きく記事として扱われるか、どの程度の地域で報道されるかによって、その影響は異なる傾向があった。

③ヨーロッパでの研究

マスメディアと自殺に関する研究の多くは米国で実施されてきたのだが、ヨーロッパでもいくつかの調査がある。ただし、ヨーロッパの研究は米国の研究ほどはっきりと自殺の「模倣性」に関して結論を下したものは多くない。

バラクラフら（文献12）の報告によれば、英国では新聞に自殺記事が掲載された後に、他者の自殺が増える傾向はなかった。しかし、彼らの研究は新聞の一面に大きく取り扱われた自殺ばかりでなく、新聞のなかでごく小さな取り扱い方をされた記事もすべて含んでいたためこのような結論が導かれた可能性がある。

オランダで実施された二つの研究は米国での研究方法を比較的忠実に追試したものであった。ガンツェブームら（文献13）はフィリップスの研究にならい、調査の対象を一面に掲載された自殺記事に限定した。要するに、すべての自殺記事が影響を与えるのではなく、とくに大きく取り上げられた自殺が、他者の自殺に影響を及ぼすだろうという前提に立った。その結果、記事が掲載された後には、月単位でみると、自殺と交通事故死が三％から八％の増加をみた。

さらに、コッピングら（文献14）の研究によれば、新聞の一面に掲載された自殺記事とオランダの月刊自殺率の上昇には統計学的に有意な相関関係を認めた。また、見出しを見ただけではっきりと「自殺」であることがわかる場合や、記事自体が長いほど、その後に他者の自殺が増える傾向が強いことも指摘している。反対に、見出しだけでは自殺であることがはっきりしない例では、他者の自殺を引き起こす傾向は弱かったと報告している。

なお、米国とオランダでは新聞の自殺報道の姿勢にいくつかの興味深い相違点が認められている。

第一に、米国の新聞ではほとんどの場合、見出しに「自殺」であることがはっきりわかるような記事を掲載しているのとは対照的に、オランダではそれほど直接的でなく、どちらかといえば漠然とした表現を多用する傾向があった。コッピングらによれば見出しにはっきりと「自殺」の文字を用いていたのは調査の対象となったオランダの新聞記事の約半数にすぎなかった。隅から隅まで丹念に読む人もいるだろうが、自分にとって興味のある記事以外は見出しだけをざっと眺めるだけの読者がほとんどなので、見出しに「自殺」という文字を用いているか否かによって、その後の影響について大きな差となって現れる可能性がある。

第二に、米国の新聞はほとんどの場合、自殺者を実名で報道するのに対して、オランダでは実名報道の率が低い。コッピングらの調査でも、オランダの新聞記事で実名が発表されていたのは四五％だった。自殺を実名で報道すべきか否かはわが国でも議論されている点であるが、実名報道によって自殺者が実体的・具体的に描写されてしまい、より強い関心を引いてしまう危険がある。

第三に、米国の新聞では単独の自殺を扱っているものが多いのとは対照的に、オランダの新聞では、他者を巻き込んだ自殺（一家心中や親子心中）をより大きく扱う傾向が強かった。

以上のように、ヨーロッパにおける自殺報道についての研究を見てきたが、これを米国の研究結果と総合すると次のような点が指摘されるだろう。自殺記事が大きく扱われれば扱われるほどその後に引き続き起きる自殺は増加する。すなわち、新聞の一面で扱われ、見出しにはっきりと自殺という文字が使われ、記事が長い場合ほど、他者の自殺が増加する。また、広い範囲で自殺が報道されるほど、その影響は大きくなる。

なお、オーストリアのウィーンの地下鉄で起きた複数の自殺とマスメディア報道についてゾネックら（文献15）が詳しく報告している。ウィーンの地下鉄は一九七八年に営業を開始したが、その後しばらくの間は自殺者数はごく限られたものにすぎなかった。しかし、利用者数はそれほど変化がないにもかかわらず、一九八四年頃から地下鉄に飛び込んで自殺する人の数が急激に増え始めた。それはタブロイド紙が地下鉄での自殺についてセンセーショナルかつ詳細な記事を掲載するようになった時期と一致していた。一九八六年に起きた自殺を検討すると、新聞が報じていなかったのはわずかに一例だけであった。（なお、この間にウィーンで起きた全自殺者数には大きな変化はなかった。）

オーストリア自殺予防学会はマスメディアに向けて自殺報道のガイドラインを提示した。その内容を要約すると以下のようになる。自殺を誘発する可能性の高い報道の仕方として、自殺の手段を非常に詳しく報ずる、自殺を過度にロマンチックに報ずる、直前に起きた出来事と自殺の因果関係を極端に単純化して報道することなどをあげている。さらに、次のような形で報道すると、世間の強い関心を引く可能性がある点についても指摘した。すなわち、自殺の記事を一面に掲載する、見出しに「自殺」という文字を用いる、自殺者の写真を添付する、自殺者の行動をあたかも英雄的なものあるいは望ましいものとして記述する。さらに、ガイドラインには影響をより少なくするために次のような点に配慮することも提言している。自殺以外の他の合理的な解決策を提示する、危機的状況に陥ったもののの自殺ではない他の方法で解決した具体的な例をあげる、精神障害の治療法や自殺予防の一般的な対策について正確な情報を提供する。

さて、一九八七年上半期まではウィーンの地下鉄での自殺は増えていたのだが、このガイドラインをマスメディアに提示したところ、一般の精神保健の専門家もこの基本的な考え方に賛同し、支持を表明した。そして、マスメディアもそれに対応して、過剰な自殺報道を改めていった。その結果、一九八七年下半期以後、地下鉄の自殺が激減したというのだが、その変化を図1に示しておく。

ゾネックらは自殺報道についてメディアを非難しようとしているわけでもなければ、報道を完全に中止することを求めているわけでもない。ジャーナリストの大部分は善意から自殺を報道する義務を感じているのだから、報道のもつ危険な側面について警告を発すべきだというのだ。すなわち、報道の仕方によっては、他の複数の自殺を誘発する可能性があったり、逆に自殺予

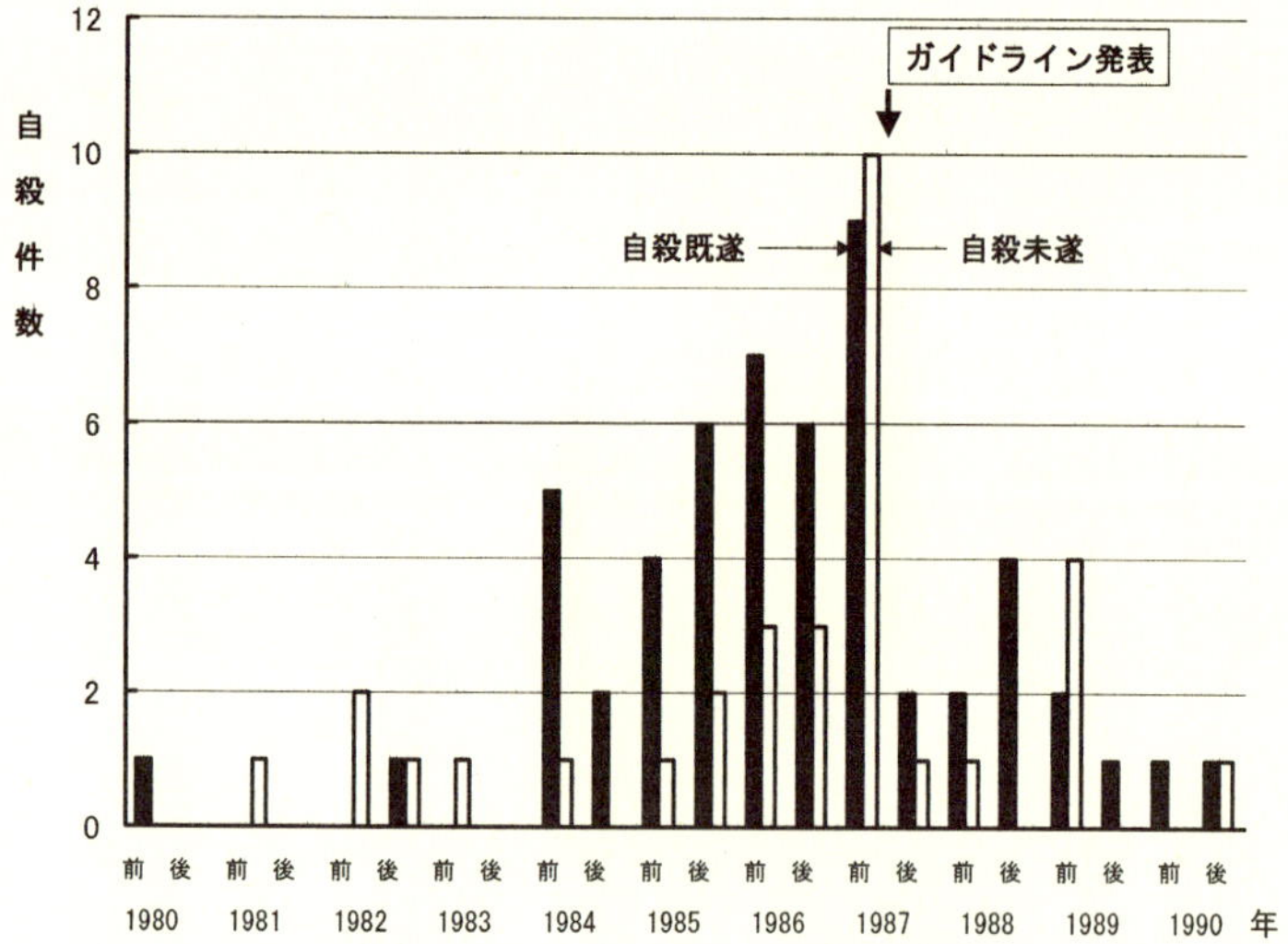

図1　マスコミ報道とウィーンの地下鉄自殺

防に役立つこともある点を具体的に指摘するために、精神保健の専門家が協力してマスメディアに対する自殺報道のガイドラインを提示したというのだ。

幸い、ウィーンの新聞各社がこの提言に応えて、自殺に関する記事を慎重に扱うようになった。それまでのように地下鉄に飛び込んで自殺した犠牲者についてセンセーショナルな記事を掲載するのではなく、自殺について報道したとしても事実だけを伝えたごく短い記事にしたり、一面に自殺記事を載せなくなったり、あるいは自殺についてまったく報道を控える場合も出てきたという。

群発自殺における「模倣性」や「伝染性」についてしばしば指摘されているのだが、このゾネックらの研究は現実にこの点を検討した例として興味深い。オーストリア自殺予防学会のガイドラインにマスメディアが呼応して自殺報道について慎重な報道に改めた結果、実際に地下鉄を用いた自殺の例が減ったという貴重な報告である。

2　テレビの影響

①テレビの自殺報道

新聞よりもテレビの自殺報道のほうが影響力が強いことは容易に予想されるのだが、調査が難しいこともあって、これまでに十分な研究が進められていない。たとえば、全テレビ局で一定の期間における自殺報道の量、センセーショナルな報道の程度、ワイドショーのようなニュース番組以外で報じられた自殺の内容、映像が視聴者に及ぼす影響、番組の視聴率、視聴者の年代や性別、などといった数多くの要素があり、調査を複雑なものにしているからである。テレビと群発自殺の関係については今後さらに研究を進めていかなければならない領域である。

ボレンら（文献16）はテレビによる自殺報道と群発自殺の関係について報告している。三大ネットワークのうち二局以上が扱ったような、社会的に大きな関心を引いた自殺についての報道を調査したところ、その後、全米の自殺は有意に増加し、その影響は最大で十日間続いた。また、自殺ばかりでなく、交通事故や飛行機事故の増加も認められたという。

さらに、フィリップスら（文献17）は一九七三年から一九七九年の期間において、テレビのニュースや特集番組を調べて発表した。それによると、とくに大きな影響を受けたのは思春期の人びとであり、この年代の自殺率は有意に上昇した。それとは対照的に、壮年や高齢者でも自殺率が上昇したものの、統計学的に有意差はなかったという。その後、彼らは一九六八年から一九八五年の期間に延長して調査を繰り返したが、やはり同様の結果が得られた。

また、三大ネットワークのひとつであるNBCがスポンサーとなって、テレビの自殺報道と全米の自殺率の変化に関する調査も実施されたが、やはり十代の若者の自殺率がテレビの自殺報道の後に上昇することが報告されている（文献18）。

この調査にはさまざまな方法論上の問題点が指摘されたため、何回か調査がやり直された。ケスラーら（文献19・20）は、ニールセンによる視聴率調査を参考にして、個々の報道を「高視聴率」群と「低視聴率」群に分類したうえで、それらが自殺率に及ぼす影響を調べた。その結果、一九七三年から一九八四年の期間において、「高視聴率」の自殺報道の後では十代の人びとの自殺率が一〇%という統計学的に有意な上昇を示したが、「低視聴率」の報道の後では明らかな自殺率の上昇は確認できなかった。しかし、視聴率がわかったとしても、どの年代の人が、何回同様の番組を見たかといった点まではわかっていないので、依然としてこの種の調査の不十分な点が残されている。

このように映像メディアであるテレビの自殺報道が自殺率の上昇に及ぼす影響は容易に想像できるのだが、それを科学的かつ客観的に研究することは多くの困難を伴い、今後の課題となっている。

②テレビドラマや映画の影響

これまでに述べてきたのは実際に起きた自殺に関する報道がその後の自殺率にどのような影響を及ぼすかという問題であった。さて、この項ではテレビドラマや映画などで架空の自殺を取り扱った場合に、自殺率にはどのような影響が出てくるかについて検討していく。現実に起きた自殺に関する報道に比べると、架空の自殺をドラマなどで描いた場合の影響については、調査の結果は一致していない。自殺率に影響が出るというものと、影響はないというものが相半ばしている。

自殺予防活動をしているビフレンダーズという団体をテーマにしたテレビドラマが、英国で一九七二年に十一週にわたって毎週放映された。ホールディング（文献21）はその後スコットランドのエジンバラで自殺未遂の率に変化が起きるか調査した。この番組が自殺予防の活動を扱っていたので、自殺予防センターに訪ねてくる人が増え、自殺未遂や既遂自殺のために病院に入院となる人が減るのではないかとホールディングは考えたのだが、実際にはこのような結果は得られなかった。

一九七七年に米国で自殺未遂を扱ったテレビドラマが放映された後に、自殺や自動車事故が増えたとフィリップス（文献22）は報告している。男性に比べて、圧倒的に女性が多かったのだが、この種のドラマの視聴者の多くが女性であるためだろうとフィリップスは分析している。

一九八六年二月にイギリスで人気の高かったテレビドラマ「イースト・エンダー」の主人公が薬を多量に服用して自殺を図る場面が放映された。放映直後に、過量服薬という同じ方法で自殺を図り救急部に来院した人が急増したとする報告とその傾向を否定する報告が相半ばし、結論は出なかった（文献23）。

さらに、米国では一九八四年十月から一九八五年二月までの期間に自殺を描いたテレビ映画が四本放映された。オストロフら（文献24）の報告によれば、一九八五年二月に放映された最後の映画には十代の恋人同士の自殺が描かれていたのだが、その直後に自殺未遂のためにコネチカット病院に入院する若者が有意に増えたという。一年間を通して、自殺未遂のために入院した患者は月平均一・九人であったのだが、一九八五年二月には十六人であった。そのうちの十四人はそのテレビ番組が放映された直後に入院していて、入院となった思春期患者は全員が番組を見ていた。映画を見た直後に、映画で描写されたのとまったく同様にふたり一緒に自殺を図った恋人達もいた。

グールドら（文献25）は前述した期間に放映されたテレビ映画四本すべての影響についてもニューヨーク地区で調査したところ、既遂自殺も未遂自殺も放映直後には有意に増加していたと報告している。

しかし、この影響には地域差があったという報告もあり、同様の方法を用いて調査したフィリップスら（文献26）はカリフォルニア州とペンシルバニア州では最初の三本のテレビ映画が自殺行動を増加させた事実は確認できなかった。しかし、自殺行動の率自体に影響を及ぼさなかったものの、自殺に用いられた方法は明らかに影響を受けていたという。

さらに、ドイツのシュミトケら（文献27）もテレビドラマと自殺率について調査を実施した。十九歳の学生が鉄道自殺をするという六回シリーズのテレビドラマが一九八一年に放映され、一九八二年にも再放送された。放送直後に鉄道自殺が増加し、そのほとんどはドラマの主人公と同年代の男性だった。この調査では、ドラマで描かれたのと同じように鉄道自殺が増加していたが、全自殺数には変化を認めない点を指摘していた。またシュミトケらは、単発のドラマよりもシリーズものとして繰り返し放映されたドラマの影響力のほうが強いとも指摘している。

以上のように、現実に起きた自殺についての報道に比べると、テレビドラマや映画といった架空の自殺が描かれる場合のほうが、その後に自殺率を上昇させる影響は弱いというのが、多くの調査が指摘する点である。

また、フィクションであっても、それに対する社会の関心が高いほど、その後の自殺が増加する危険が高いともいえるだろう。さらに、とくに思春期や若年成人といった若者に対する影響が懸念され、自殺行動に用いられる手段が模倣される可能性は高い。

3　フィリップスらの提言

現代社会では報道や表現の自由は侵すことのできないものであり、報道を検閲するなどということは不可能である。しかし、報道の仕方を工夫することによって、自殺率の上昇を予防することはできるだろう。どのような報道をすると危険が高まるのかマスメディアに関わる人びとに正しい知識を啓発する必要がある。さて、社会学者のフィリップスら（文献28）は、商品のコマーシャルを例にあげて、自殺報道をどのように改善すべきか興味深い提言をしている。

第一に、伝える内容についてである。すべてのコマーシャルは伝える内容を絞り込み、明確なメッセージで消費者に訴え、競合商品を選択する可能性を低くしようとする。この点から考えると、一番目につきやすい見出しのなかにあまりにも直接的に自殺を表現する言葉を入れるべきでないという。反対に、自殺予防に関する情報については簡潔明瞭にわかりやすく解説して、自殺以外の他の解決策を示すべきである。また、否定的な結果を並記すると人びとの関心が低くなってしまう傾向があるということから、例えば、自殺によって家族や知人に多大な打撃を与えたことなども書き記すと、自殺に向けられた関心が薄まる可能性もあるだろう。逆に自殺をロマンチックに描いたり、理想化することは、自殺を誘発しかねない。

第二に、報道内容の頻度、時期、長さについてである。商品のコマーシャルではその頻度が増すほど効果が出てくる。したがって、自殺が起きた直後に、その報道が頻繁に繰り返され、長い時間にわたるほど、悪影響が強く出る危険について配慮しなければならない。

第三に、報道する場所や時間である。商品のコマーシャルでも、深夜や早朝よりも、ゴールデンアワーのほうが効果が高くなる。自殺報道を考えると、新聞の一面や、テレビのニュースのトップ項目で扱うと、その後の自殺率に影響を及ぼす危険は一層高まってしまう。また、スポンサーが競合商品の広告の近くに自社製品の広告を並べるのを嫌うことを考えると、自殺記事のそばに自殺以外の他の選択肢（例えば、自殺予防センターの活動とか断酒会の活動）などを掲載するのも効果的である。

第四に、メッセージを伝える人物についてである。商品コマーシャルでは購買層の人びとにとって魅力のある有名人を起用し、その効果を上げることを狙う。したがって、いかにも米国らしい考え方だが、たとえば、若者に対して自殺予防を働きかけるとするならば、その年代の人びとに影響力のある著名人を活用して、自殺以外の解決策が存在することを具体的に強調すべきだという。逆の視点から捉えれば、著名人の自殺を大きく取り上げるほど、他者の自殺を誘発する危険が高まることになる。

（5）まとめ

まとめに代えて、マスメディアに対して次のような点に配慮して、自殺を報道することを望みたい（文献29・30）。報道の自由や知る権利の問題があり、一概に自殺報道を中止すべきであるなどと極論するつもりはないが、自殺報道のもたらす危険な側面についてジャーナリストもこれまで以上に注意を払ってほしい。

①短期的に頻繁に過剰な報道をすることを控える。

②自殺は複雑な原因からなる現象であることをふまえて、自殺の原因と結果を単純に説明するのを控える。

③元来自殺の危険を抱えた人が自殺者に同一化してしまう可能性があるので、自殺をことさら美しいものとして取り扱ったり、大げさな描写をしない。嘆き悲しんでいる他の人びと、葬式、追悼集会、飾られた花などの写真や映像を添付しないことも必要である。

④自殺手段を詳細に報道しない。自殺の場所や手段を写真や映像で紹介したりしない。どのような場所でどのような方法で自殺したかといった情報はできるだけ簡潔なものにする。

⑤（とくに青少年の自殺の場合には）実名報道を控える。

⑥自殺を防ぐ手段や、背景に存在する可能性のある精神疾患に対して効果的な治療法があることを強調する。同じような問題を抱えながらも、適切な対応を取ったために、自殺の危機を乗り越えた例を紹介する。

⑦具体的な問題解決の手段を掲げておく。自殺の危険因子や直前のサインなどを解説し、どのような人に注意を払い、どのような対策を取るべきかを示す。精神保健の専門機関や電話相談などについてもかならず付記しておく。

⑧日頃から地域の精神保健の専門家とマスメディアとの連携を緊密に取る。このようにすることで、群発自殺の危険が高まったときでも、適切な助言を時機を逸することなく得られるような体制を作っておく。

⑨短期的・集中的な報道に終わらず、根源的な問題に対する息の長い取り組みをする。

なお、メディアの否定的な側面ばかり強調するのも同じく問題である。マスメディアは一般の人びとに対して、自殺予防対策を取ることができるというメッセージを伝えるうえで重要な役割を果たすことができるはずである。したがって、自殺の悲劇的な側面ばかりを伝えるのでなく、どのような人に危険があるのか、どう対応して、どこに助けを求めたらよいかといった点にこれまで以上に関心を払い、一般の人びとに対して精神保健の正しい知識を伝えるうえで積極的な役割を果たすことを期待したい。

（1・2節：本橋豊、3・4・5節：高橋祥友）

参考文献

1　高橋祥友『群発自殺』、中央公論新社、東京、一九九八
2　高橋祥友『医療者が知っておきたい自殺のリスクマネジメント』、医学書院、東京、二〇〇二
3　Coleman, L.: *Suicide Clusters.* Farber and Farber, Boston, 1987.
4　Motto, J.A.: Suicide and suggestibility: the role of the press. *Am. J. Psychiatry* **124**: 252-256, 1967.
5　Phillips, D.P.: The influence of suggestion on suicide: substantive and theoretical implication of the Werther effect.

Am. Sociol. Rev. 39: 340-354, 1974.

6 Wasserman, I.: Imitation and suicide: a reexamination of the Werther effect. *Am. Sociol. Rev.* 49: 427-436, 1987.

7 Stack, S.: Celebrities and suicide: a taxonomy and analysis, 1948-1983. *Am. Sociol. Rev.* 52: 401-412, 1987.

8 Phillips, D.P.: Motor vehicle fatalities increase just after publicized suicide stories. *Science* 196: 1464-1465, 1977.

9 Littman, S.K.: Suicide epidemics and newspaper reporting. *Suicide Life-Threat. Behav.* 15: 43-50, 1985.

10 Bollen, K.A. and Phillips, D.P.: Suicidal motor vehicle fatalities in Detroit: a replication. *Am. J. Sociol.* 87: 404-412, 1981.

11 Phillips, D.P.: Airplane accident fatalities increase just after stories about murder and suicide. *Science* 201: 748-749, 1974.

12 Barraclough, B., Shepherd, D. and Jennings, C.: Do newspaper reports of coroners' inquests incite people to commit suicide? *Br. J. Psychiatry* 131: 528-532, 1977.

13 Ganzeboom, H.B.G. and de Haan, D.: Gepubliceerde zelfmoorden en verhoging van sterfte door zelfmoord en ongelukken in Nederland 1972-1980. *Mens en Maatschappij* 57: 55-69, 1982.

14 Kopping, A.P., Ganzeboom, H.B.G. and Swanborn, P.G.: Verhoging van suicide door navolging van krantebrichten. In: Paper presented at the Annual Meeting of European Association of Suicidology. Hamburg, 1990.

15 Sonneck, G., Etzersdorfer, E. and Nagel-Kuess, S.: Imitative suicide on the Viennese subway. *Soc. Sci.* 38: 453-457, 1994.

16 Bollen, K.A. and Phillips, D.P.: Imitative suicides: a national study of the effects of television news stories. *Am. Sociol. Rev.* 47: 802-809, 1981.

17 Phillips, D.P. and Carstensen, L.L.: Clustering of teenage suicides after television news stories about suicide. *N. Eng. J. Med.* 315: 685-689, 1986.

18　Phillips, D.P. and Carstensen, L.L.: The effect of suicide stories on various demographic groups, 1968-1985. *Suicide Life-Threat. Behav.* 18: 100-114, 1988.

19　Kessler, R.C., Downey, G., Stipp, H. and Milavski, R.: Network television news stories about suicide and short-term changes in total U.S. suicides. *J. Nerv. Ment. Dis.* 177: 551-555, 1989.

20　Kessler, R.C. and Stipp, H.: The impact of fictional television suicide stories on American fatalities. *Am. J. Sociol.* 90: 151-167, 1984.

21　Holding, T.A.: The B.B.C. "Befrienders" series and its effects. *Br. J. Psychiatry* 124: 470-472, 1974.

22　Phillips, D.P.: The impact of fictional television stories on American adult fatalities: new evidence on the effect of the mass media on violence. *Am. J. Sociol.* 87: 1340-1359, 1982.

23　Ellis, S.J. and Walsh, S.: Soap may seriously damage your health. *Lanceti*(8482): 686, 1986.

24　Ostroff, R.B., Behrends, R.W., Lee, K. and Oliphant, J.: Adolescent suicides modeled after television movies. *Am. J. Psychiatry* 142: 989, 1967.

25　Gould, M.S., Shaffer, D. and Kleinman, M.: The impact of suicide in television movies: replication and commentary. *Suicide Life-Threat. Behav.* 18: 90-99, 1988.

26　Phillips, D.P. and Paight, D.J.: The impact of televised movies about suicide. *N. Eng. J. Med.* 317: 809-811, 1987.

27　Schmidtke, A. and Haefner, H.: The Werther effect after television films: new evidence for an old hypothesis. *Psychol. Med.* 18: 665-676, 1974

28　Phillips, D.P., Lesyna, K. and Paight, D.J.: *Suicide and the media.* In: Assessment and Prediction of Suicide. Ed. by Maris, R.W., Berman, A.L., Maltsberger, J.T. and Yufit, R.I. Guilford, New York, 1992, pp.499-519.

29　高橋祥友『新訂増補・自殺の危険：臨床的評価と危機介入』、金剛出版、東京二〇〇六

30　高橋祥友『自殺のサインを読みとる』、講談社、東京　二〇〇一

第三章　日本の自殺予防対策

(1) わが国の自殺予防対策の現状——参議院における自殺予防対策の決議

平成十七年七月十九日、参議院厚生労働委員会において、「自殺に関する総合対策の緊急かつ効果的な推進を求める決議」がなされた。自殺予防対策を進める法的根拠が現在でも明確でないなかで、このような国会決議がなされた意義は大きい。この決議のなかで、自殺予防対策の現状について次のような記述がなされている。

政府は、平成十三年度から自殺防止対策費を予算化し、相談体制の整備、自殺防止のための啓発、調査研究の推進等の対策に取り組んできた。平成十四年には、自殺防止対策有識者懇談会が「自殺予防に向けての提言」を取りまとめ、包括的な自殺防止活動の必要性を訴えている。しかしながら、その施策が個人を対象とした対症療法的なものに偏っていたこともあり、その後も自殺者数は、なお高い水準にある。多くの自殺の背景には、過労や倒産、リストラ、社会的孤立やいじめといった社会的な要因があるといわれている。われわれは、世界保健機関が「自殺は、その多くが防ぐことのできる社会的な問題」であると明言していることを踏まえ、自殺を「自殺する個人」の問題だけに帰すことなく、「自殺する個人を取り巻く社会」に関わる問題として、自殺の予防その他総合的な対策に取り組む必要があると考える。

わが国の自殺予防対策が平成十三年度から開始されたにもかかわらず、効果的な対策が行われていないのではないかという問いかけとともに、自殺予防対策をうつ病対策だけに閉じこめることなく、総合対策として政府全体で取り組むべきであると述べているのである。そして、政府として取るべき対策の方向性として次の五点を強調している。

（1）政府は、自殺問題に関し、総合的な対策を推進するため、関係府省が一体となってこの問題に取り組む意志を明確にするとともに、対策の実施に当たって総合調整を進めるうえで必要な体制の確保を図ること。

（2）効果的な自殺予防対策を確立するため、自殺問題に関する調査研究や情報収集・発信等を行う拠点機能の強化を図るとともに、自殺の原因について、精神医学的観点のみならず、公衆衛生学的観点、社会的・文化的・経済的観点等からの多角的な検討を行い、自殺の実態の解明に努めること。

（3）自殺問題全般にわたる取組の戦略を明らかにし、個人を対象とした対策とともに社会全体を対象とした対策を重点的かつ計画的に策定し、その実施に必要な予算の確保を図ること。

（4）情報の収集・発信等を通じ、関係府省が行う対策を支援、促進し、地方公共団体や日夜相談業務等に携わっている民間団体等とも密接に連携を取りながら、総合的な対策を実施していく「自殺予防総合対策センター（仮称）」を設置すること。

（5）自殺した人の遺族や自殺リスクの高い自殺未遂者に対する支援については、プライバシーへの配慮を含め、万全を期すこと。その際、全国で一〇〇万人を超えるといわれる遺族や自殺未遂者に対する心のケアが自殺の社会的・構造的要因の解明や今後の自殺予防に資することの意義についても、十分認識すること。

自殺予防の問題を精神医学的観点だけでなく、公衆衛生学的観点、社会的・文化的・経済的観点から検討することの必要性は、考えてみるとあたりまえのことである。しかし、縦割り行政の弊害のなかで、最近の国の自殺予防対策において精神医学的観点のみが強調されてきたことに対するプロテストが述べられているのである。そして、公衆衛生学的観点の重要性、すなわち個別的対応のみならず社会的対応を重視し、二次予防（うつ病の早期発見・早期治療）から一次予防（自殺に至る直前のうつ的状態になる以前にうつ的状態にならないように諸要因に働きかける）を重視するという方向性が示されたのである。公衆衛生学者の一人として、このような形で公衆衛生学的アプローチの重要性が社会的に認知されたことはきわめて心強いことであると思っている。

（2）わが国において自殺予防対策が本格化した経緯について

わが国において自殺予防対策が国の事業としてその必要性が認識されはじめたのは、一九九八年の自殺者の急増を受けてのことである。一九九八年にわが国の自殺者は三万人を越える事態となり、その後も現在に至るまで年間三万人を切ることなく、高い水準のままである。もちろん、一九九八年以前においても日本の自殺率は世界のなかでは高い水準にあった。一九八〇年半ばすぎから、フィンランドや北欧の国で積極的な国家的自殺予防対策が取り組まれていた事実を思い起こせば、わが国の対応は遅きに失したという批判を免れえないであろう。フィンランドが自殺予防対策に取り組み始めたきっかけは世界保健機関（ＷＨＯ）の「すべての人に健康を」戦略の目標のなかに自殺予防の必要性が強調されていることに反応したものであった。ＷＨＯの主要メンバーであるわが国は自殺予防の必要性を示したＷＨＯの提言にほとんど反応しなかったのである。わが国は世界標準の自殺予防の取り組みから少なくとも十年以上は遅れているということを率直に認め、反省しなければならないのではないだろうか。

ともあれ、わが国においても遅ればせながら、自殺予防対策の必要性が認識され、国のレベルでの健康政策に取り入れられることになった。二〇〇〇年にわが国では「健康日本21」という国民参加型の健康づくり運動を始めることになった（第三次国民健康づくり運動という別名がある）。「健康日本21」はアメリカやイギリスで先行して行われてきた目標設定型健康増進施策であり、数値目標を明確にして、目標年度までに健康水準向上のための努力を社会全体で行おうというものである。「健康日本21」では自殺予防という独立した領域は設定されず、休養という領域で心の健康づくりの観点から自殺者数減少の数値目標が盛り込まれた。具体的な自殺者減少の数値目標は二〇一〇年までに二万二〇〇〇人まで減少させるというものである。数値目標の根拠は、過去に実現したことのあるものであった。数値目標は示されたものの、その後の具体的な施策の提言は平成十四年の自殺防止対策有識者懇談会が出した「自殺予防に向けての提言」を待たなければならなかった。実はこの提言ではうつ病対策のみならず、総合的な対策の必要性について触れているのだが、その後の施策のなかに必ずしもその提言が活かされてきたとはいえなかった。

二〇〇〇年に本格的にわが国の自殺予防対策が始まって以来、国での担当部局は厚生労働省障害保健福祉部精神保健福祉課であった。精神保健福祉部の所管業務は精神保健福祉行政全般に関わることで、精神保健福祉法に代表される法律を所管しており、統合失調症患者の社会復帰政策をはじめ精神障害者に関わる行政全般を見ており、その業務は多忙である。最近のトピックでいえば、触法精神障害者の処遇に関わる医療観察法や精神障害者の自立支援をはかる障害者自立支援法などの業務に関わっている。自殺予防対策は重要といいながら、他の精神保健福祉行政に関わる時間が多いであろうことは容易に推測される。また、精神保健福祉行政の枠内で自殺予防対策を進めようとすれば、うつ病対策が中心になるのはやむを得ないことである。事実、二〇〇〇年以来行われてきた厚生労働省の自殺予防対策の中心はうつ病予防対策であった。うつ病が自殺の大きなリスク要因であることは間違いないことであるが、疾病モデルとしてのうつ病対策を中心に自殺予防対策を進めていけば、他の社会経済文化的要因への対策がおろそかになるのは当然のこととといえるかもしれない。冒頭の参議院の決議はこのような厚生労働省のジレンマを念頭において、その枠から抜け出た自殺予防対策の必要性を強調したものといえる。

二〇〇〇年以来の厚生労働省の、各地域での自殺予防対策は、自殺予防対策の方向性に関する提言の提示、うつ病を中心とした自殺の原因究明のための医学的研究、および自殺予防対策を現場で進める上での担当者のマニュアルづくり、いのちの電話などの団体への経済的支援などが中心であった。

一方、労働衛生分野の自殺予防対策は精神保健福祉課とは別に、旧労働省系列の労働安全衛生課で別立てに行われてきた。こちらでは、職場のメンタルヘルス対策の一環として自殺予防対策が組まれている。二〇〇〇年には「職場におけるメンタルヘルス指針」が出され、本人の気づき、ラインによるケア、同僚によるケア、産業保健スタッフによるケア、事業所外でのケアというような自殺予防に関わる実用モデルも提示された。自殺予防に関しては、職場における自殺予防マニュアルの作成、職場における自殺予防の研修会開催などの事業が行われている。職場におけるメンタルヘルス対策は産業保健の現場では重点が置かれはじめ、担当者のメンタルヘルス対策への関心は高まっているが、自殺予防ということになると、関係者はおよび腰になりがちである。自殺というと、触れてはいけないという雰囲気がまだ色濃く残っており、職場における自殺予防対策を堂々と全面に出して職場で研修会を開くというようなことは難しいという事業所が多いように思われる。むしろ、職場においては過重労働対策を進めることで社員のメンタルヘルスの悪化を予防するという方向性の方が現在では進めやすくなっている。これは平成に入って、長時間労働に伴う過労自殺が社会問題化し、国としても過重労働対策の一環としての自殺予防、メンタルヘルス対策を推進しているからである。平成十七年度の労働安全衛生法の一部改正においては、過重労働対策として、月一〇〇時間以上の残業を行った社員に対する医師の面接を義務づける内容が含まれている。これは法令として過労自殺を予防することを意図する初めての法律となる。過重労働からうつ病になり自殺に至るというタイムコースが社会的に認知されてきたことを示すものであると同時に、一定の条件下ではあるが事業者は過重労働対策をきちんと取ることが義務化されたのである。

（3）わが国の自殺死亡の現状

人口動態統計によると、わが国の自殺者は平成十六年においては三万二七七人であった。平成十五年と比べると六・一％の減少を示した。自殺者数が三万人を越えたのが一九九八年であり、その後一貫して自殺者は三万人を越えたままで、高値安定という状態が続いている。年代別では、五五～五九歳の男性が三〇五六人と最多であった。男性では二〇歳から四四歳までの死因順位の第一位は自殺であり、女性では十五歳から三四歳までの死因順位の第一位が自殺である。

男女別に見ると、男性の自殺者数は女性の約二倍であり、男性で自殺のリスクが高いことがわかる。このような現象は多くの国で認められるものである。男性の方が社会的ストレスにさらされやすい、女性と比べて男性の方がストレスにさらされたときの抵抗性が弱いといった理由が考えられる。うつ病の有病率は男性より女性の方が高いことが知られており、女性の方がうつ病に罹りやすいにもかかわらず、男性と比べて自殺率が低いという事実は、うつ病だけが自殺の引き金になる要因ではないことを示唆している。また、離婚率と自殺率の推移を男女別に比較すると、一九七〇年代半ば頃より女性では離婚率が上昇しているにもかかわらず、女性の自殺率は低下傾向を示していることから、わが国では離婚は女性にとって自殺に直接結びつくようなストレス要因ではなくなったのではないかと推察されるのである。これに対して、男性の自殺率は離婚率の上昇と比例して上昇傾向を示していることから、男性にとって離婚は相変わらず強い精神的ストレスとなっているものと考えられる。とくに、中高年の熟年離婚は男性の精神的健康に負の影響を与えているのではないかと推測される。

自殺と社会経済的要因については、失業や景気が自殺率と関連していることが古くから知られてい

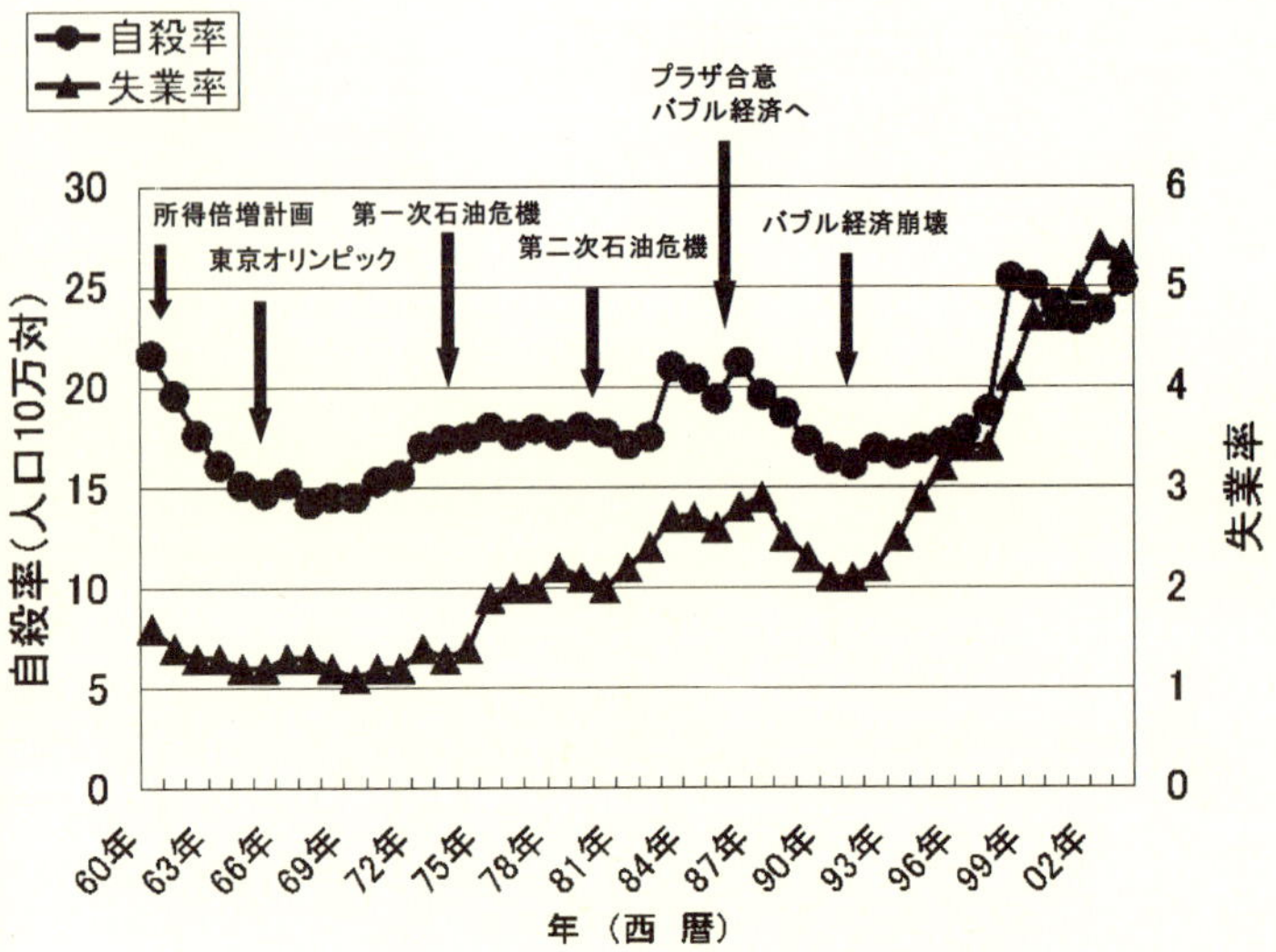

図1　1960～2002年までの自殺率と完全失業率の推移

る。図１にわが国の自殺率と失業率の時系列推移を示した。わが国の自殺率の時系列推移をみても、失業率と自殺率には強い相関が認められる。いわゆるバブル経済崩壊後の長期的不況下、企業がリストラを徹底したことにより長期失業者が増加してきた。一九九三年には平均一二万人であった二年以上の長期失業者数は、二〇〇三年には平均六〇万人に達している。また正規社員の雇用が減り、派遣社員や短期契約社員、パート、アルバイトとして働く人が増え、二〇〇四年では平均一四八五万人にのぼり、被雇用者の三〇％を越えた。不安定な雇用で生活している人が、長期不況下で増加しているのである。これらの人びとはきつい労働条件下で将来展望をもてず、精神的ストレスを抱えている人が多いのではないかと推測される。自殺予防対策において、うつ病対策のみならず、自殺に影響を及ぼす社会経済的要因に何らかの対策を考えていく必要性が理解されるのである。

なお、一九九八年に自殺者が急増し三万人を超えた理由については、この時期の厳しい経済的環境が関係していると推測されている。バブル経済の崩壊後、日本は金融機関の抱える不良債権の処理をどうするかが問題となっていた。一九九八年には、北海道拓殖銀行や日本長期信用銀行などの大きな金融機関が相次いで経営破綻し、金融監督庁が設置された。また、この年は橋本内閣から小渕内閣へと代わり、国内総生産（GDP）がマイナスとなった年としても記憶されている。このように一九九八年は、バブル経済の崩壊後、長期不況に陥った日本経済がさらに悪化していった契機の年なのである。一九九八年以後、犯罪件数などの安全安心に関わる社会指標も上昇傾向を示し、社会的・心理的に追いつめられた中高年男性が自殺に追いやられていくという状況が強まったと考えられている。

（4）自殺高率地域である東北地方の現状

東北地方は最も人口が大きい仙台市で約一〇〇万人である。宮城県以外の県庁所在地の都市の人口は三〇万人前後である。東北三大祭りに代表されるような、かつての農村文化として成立してきた夏祭りが、現在も観光資源として生き延びているように、東北地方は基本的には農村県である。昭和三〇～四〇年代の高度経済成長期には、都会への出稼ぎが地域の問題になったが、今も若者の都会志向は大きい。若者が都会に出て行くのは、地元には職の機会が限られているからであり、農村部はいよいよ高齢化しつつある。少子高齢化は東北地方において顕著であり、日本の将来の姿を先取りしている感さえあるのである。その東北地方で自殺率が高いことが問題となっている。しかし、東北地方の自殺率は東北六県で一様ではないし、南東北三県は北東北三県ほど自殺率が高いわけではない。また、東北地方の自殺率が高くなったのは最近三〇年くらいの現象であり、高度経済成長期には決して自殺率は高くなかった。例えば、秋田県の自殺率は一九六〇年には一九・八（人口一〇万対）であり、全国平均の二一・六より低く都道府県別順位でみ

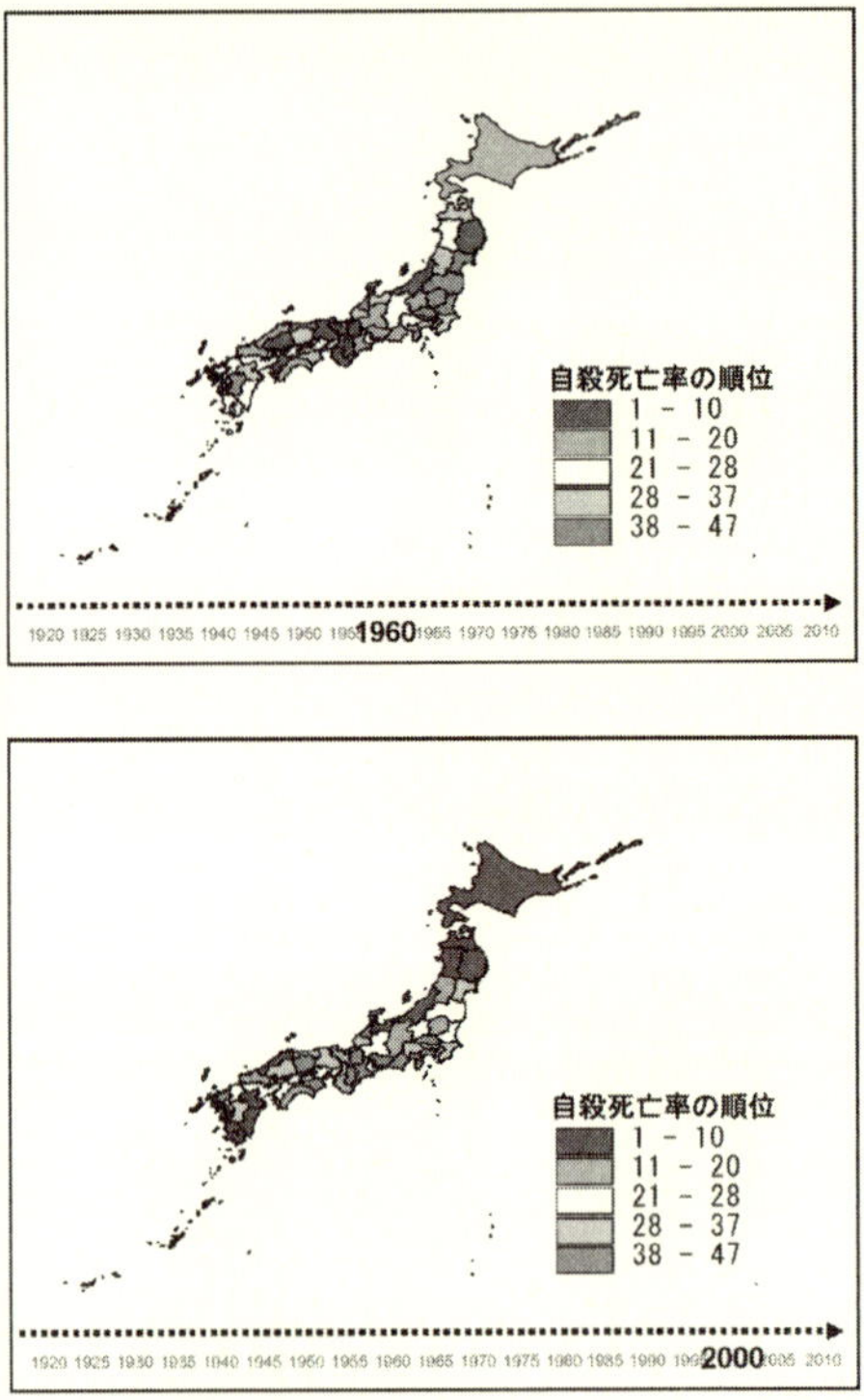

図２　自殺率の都道府県別順位の全国マップ。秋田県の自殺率は1960年には全国で27位であったが、2000年に全国一高率な県となった。

ると二七位であった。高度経済成長期には農村部より都市部で自殺率が高く、東北地方の県が自殺死亡率の上位を占めるようなことはなかったのである。図2は一九六〇年と二〇〇〇年の自殺率の都道府県別順位を全国マップとして示したものである。一九六〇年の秋田県の自殺率は全国二七位であったが、二〇〇〇年には全国一位となっている。

東北地方は自殺率が高いと思われているが、実は北東北三県（青森県、秋田県、岩手県）と南東北三県（山形県、宮城県、福島県）では事情が違う。自殺率が高いのは北東北三県であり、南東北三県は北東北三県に比べると相対的には低いといえる。

図3は平成十二年から十六年における東北六県（青森、秋田、岩手、宮城、山形、福島）の自殺率の年次推移を示したものである。まず、

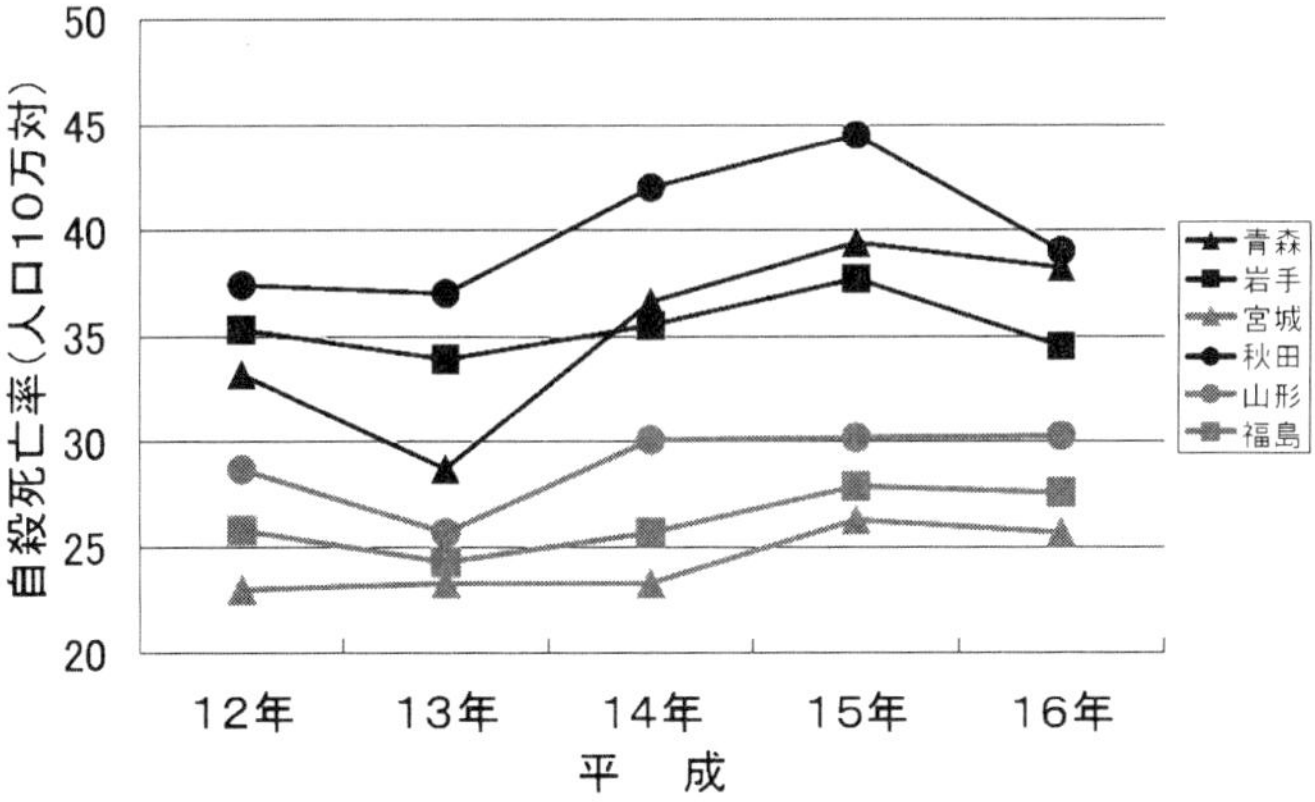

図3　東北6県の自殺死亡率の推移（平成12年～16年）。北東北3県（青森、秋田、岩手）の自殺率は高いが、平成16年には3県とも自殺率の減少傾向を示した。これに対して、南東北3県（山形、宮城、福島）の自殺率は北東北3県に比べれば低いが、平成16年の減少はほとんど認められなかった。

北東北三県（青森、秋田、岩手）と南東北三県（宮城、山形、福島）で自殺死亡率に違いがあることがわかる。北東北三県は自殺高率県であり、都道府県別の自殺死亡率の順位で一〜三位を占めている（平成十六年）。これに対して、同じ東北地方でも南東北三県の自殺率は北東北三県と比べて、相対的に低い。その理由を説明することは難しいが、かつて古代に坂上田村麻呂が平定した蝦夷の住んでいた地域がほぼ北東北三県と一致することから、地域の社会文化的背景を論じたくなる人も多いだろう。しかし、実際のところはどういうことなのかについて科学的な説明が欲しいところであり、今後の研究が待たれる。

図3において、平成十五年から十六年にかけて、北東北三県の自殺率が低下しているのに対して、南東北三県の自殺率がほとんど変化していないことがわかる。一年間の変化だけなので、この減少が意味あるものなのかを論じることは難しいのだが、北東北三県はいずれも平成十三〜十六年にかけて、県として熱心に自殺予防対策に取り組んだという実績があることは指摘しておく必要がある。これに対して、南東北三県は県全体として北東北三県ほど熱心な自殺予防対策を実施してこなかった。県レベルでの自殺予防対策の取り組みの熱意の違いが自殺率の減少に影響を及ぼしている可能性は否定できない。北東北三県のうち、県としての取り組みが最も進んでいる秋田県の自殺率の減少率が最も大きいこともそのような可能性を示唆するものである。

秋田県の自殺予防対策はヘルスコミュニケーションと一次予防対策を重視しており、県と大学の関与が大きいことが特徴である。岩手県はどちらかといえば、うつ病の早期発見・早期治療の二次予防対策に力点を置いており、保健所が活動の中心となり、大学がこれを支援している。青森県は精神保健センターと保健所が中心になって活動を進めており、大学の関与は大きなものではない。このように、北東北三県といっても、自殺予防対策の進め方は微妙に違っている。平成十六年度に秋田県の減少率が他県とくらべて大きかったのは、県や大学が中心になって進めてきた自殺予防対策の成果が現れ始めたのではないかと関係者は期待している。

(5) 秋田県における市町村レベルの自殺予防対策の推進

秋田県は二〇〇〇年から本格的な自殺予防対策の取り組みを始めた。二〇〇一年四月から開始された健康づくり施策である「健康秋田21」のなかで、自殺予防対策は重点分野のひとつとして取り上げられ、積極的に進められることになった。また、平成十六年四月に施行された「秋田県健康づくり推進条例」においても、「心の健康づくり　自殺予防」を県が市町村と連携して相談体制の整備や啓発活動などを実施することが明記された。

県の施策としては、地域における自殺やうつ病などに対する誤解と偏見を取り除くことが必要であるということから、自殺やうつ病などに対する啓発活動を進めることがまず重視された。心の健康づくりに関する理解を浸透させるためのシンポジウムの開催やリーフレット配布などを通じた啓発活動が全県レベルで進められた。

同時に地域における自殺予防の具体的な取り組みを進めるために、市町村レベルの自殺予防対策モデル事業が開始された。このモデル事業では二〇〇一年から二〇〇五年にかけて六つの町が三年間自殺予防に取り組んだ。また相談体制の充実やうつ病対策の推進も掲げられた。

地域における自殺予防対策として行われたモデル事業では次の五つが基本メニューとして提示され、自治体は自らの実情に合わせて、身の丈にあった自殺予防対策を推進することが求められた。

1 心の健康づくり巡回健康相談事業
2 いきいき心の健康づくり講演会等事業
3 世代間交流の場つくり事業
4 生きがいづくり事業
5 仲間づくり事業

以下、これらのメニューにもとづき、市町村において具体的にどのような取り組みが行われたのかについて、二つの町の事例を簡単に解説したい。

1 藤里町の取り組み

藤里町の取り組みはマスコミ等にも何度も取り上げられ、すでにご存じの方も多いかもしれないが、住民参加型の対策を効果的に進めた先進事例として、あらためて報告させていただく。

藤里町は秋田県北部に位置する人口四四六二人（高齢化率三四・六％、二〇〇五年一月）の町であり、世界遺産「白神山地」の入り口の町として有名である。藤里町の自殺率は秋田県のなかでも高い方に属し、秋田県の自殺予防対策が本格化する二〇〇〇年以前から、町としても自殺予防対策の必要性を認識し、自殺予防に関する講演会を実施していた。二〇〇〇年七月に秋田県が自殺予防対策として初めて実施した「命の尊さを考えるシンポジウム」に参加した住民と行政担当者は、改めて自殺予防対策の必要性を認識し、同年十月に「心といのちを考える会」を発足させた。この会は会長、事務局長とも一般の住民が担当しており、自由に誰でも参加できる。そして、定例会、会員勉強会、公開講演会という活動を基本に据えて、住民が身近に相談できる機会の提供も行っている。平成十五年から町の施設を借りて珈琲サロン「よってたもれ」を週一回運営しており、住民がお茶を飲みながら気軽に話ができる場を提供している。

平成十三年に行われた「心の健康づくりと自殺予防に関する調査」では、町役場や「心といのちを考える会」の協力が得られ、町のメンタルヘルスの実態を把握するのに役だった。この調査では、「身近に自殺した人がいた」と回答した人が約四割であり、「最近一カ月の間に死にたいと思った」と回答した人が二・六％であった。自殺予防の問題が住民に身近な問題であることが再認識された。また、小地区ごとのメンタルヘルスの状況も把握することができたことから、自殺予防に関する啓発活動を小地区ごとに展開するという手法が取られた。このようなきめ細かい対策は住民には好評であった。以上のような活動を行った結果、対策開始前には年間三～四人程度の自殺者が出ていたが、平成十六年には自殺者は〇人となった。

藤里町の自殺予防対策は住民と行政が連携して、主体的に活動を進めていくという住民参加型自殺予防対策の好事例であり、わが国の地域保健活動のひとつの方向性を示していると考えられる。

2 旧千畑町（現・美郷町）の取り組み

旧千畑町は秋田県中央部に位置する稲作地帯の一角にある。平成十六年十一月に六郷町、仙南村と合併し、三郷町となった。旧千畑町の人口は八二三四人（平成十五年十月）であった。旧千畑町は自殺予防モデル事業の終盤（平成十五～十七年）に事業を開始した。先行のモデル町の取り組みを参考に事業を展開できるという点では有利な立場にあった。大学の協力による「心の健康づくり基礎調査」や調査結果にもとづくきめ細かい健康教育の実施等が行われたが、これらは自殺予防モデル事業ですでに実績のある方法に基づいて行われた。特記すべき事項のひとつとして、民生児童委員を対象とした「心の健康相談スキルアップ研修」を実施したことがあげられる。この事業は先行の旧合川町（現北秋田市）で行われた「ふれあい相談員育成事業」を参考に企画されたものである。地域福祉のキーパーソンである民生児童委員の自殺予防対策に関するエンパワメントを図る目的で、悩みを抱える人への対応方法や自殺予防の基礎知識を研修する事業であった。具体的な内容としては、心の悩みを抱える人への援助方法やカウンセリング方法などについてロールプレイを含めて体得するものであった。その他にプライバシー保護の基本やボランティア論などが内容には含まれていた。この事業により住民に身近な人が正しい知識と態度で悩みを抱える人に対処できるようになることが期待された。

旧千畑町は合併して人口二万三一九二人（平成十七年一月）の三郷町となったが、旧千畑町で実施されてきた自殺予防対策が合併によりどのようになるのかということが関係者の気がかりであった。市町村合併により法定事業でもない保健事業が削減されるのではないかというのが一番の心配であったが、結果的には美郷町は旧千畑町で実施されていた自殺予防対策事業を全町に広げていくということになった。自殺予防・心の健康づくり対策は町として重要な事業であると町の関係者が認識し、この事業を縮小せずに継続していこうとしたのは英断ということができる。

（6）秋田県のモデル市町村における自殺者数の減少

平成十三年度から十七年度にかけて、秋田県では自殺予防モデル事業を六つの町で実施した。実施した町は、合川町（現北秋田市）、中仙町（現大仙市）、藤里町、東由利町（現由利本荘市）、千畑町（現美里町）、大森町（現横手市）である。すでに述べたように、これらの町では三年間かけてモデル事業が実施された。県の補助額は全事業費の二分の一にあたる額であり上限は一〇〇万円であった。

町が自殺予防対策として当該年度に一〇〇万円の予算を組めば、県の補助額一〇〇万円と会わせて二〇〇万円の事業が実施できるという仕組みである。

自殺予防対策を開始した初年度には、秋田大学の研究チームが住民を対象とした心の健康づくりに関するアンケート調査を実施し、うつ状態のレベルや心の健康に関するリスク要因を調べた。調査対象とした住民は、それぞれの町の要望を踏まえて、三〇～六九歳の全住民のこともあり、高齢者だけ（六〇歳以上の全住民）を対象とした町もあった。アンケート調査の結果をもとに、うつ病のリスクの高そうな人に対しては、個別の健康相談を実施した。また、調査結果をもとに、住民向けに健康教育の機会を頻回に提供した。町では全戸配布の広報誌や心の健康づくりのリーフレットを作成して、住民に対して、うつ病や自殺予防に関する啓発普及を進めるようにした。モデル事業開始の初年度に心の健康に関する住民の調査を実施したことは、町のメンタルヘルスの実情を明らかにするという以上の意味があった。それは、調査に協力することで、住民自らが心の健康に関する関心をもつようになったと思われることである。自殺予防モデル事業を始めたばかりの頃は、うつ病や自殺について表

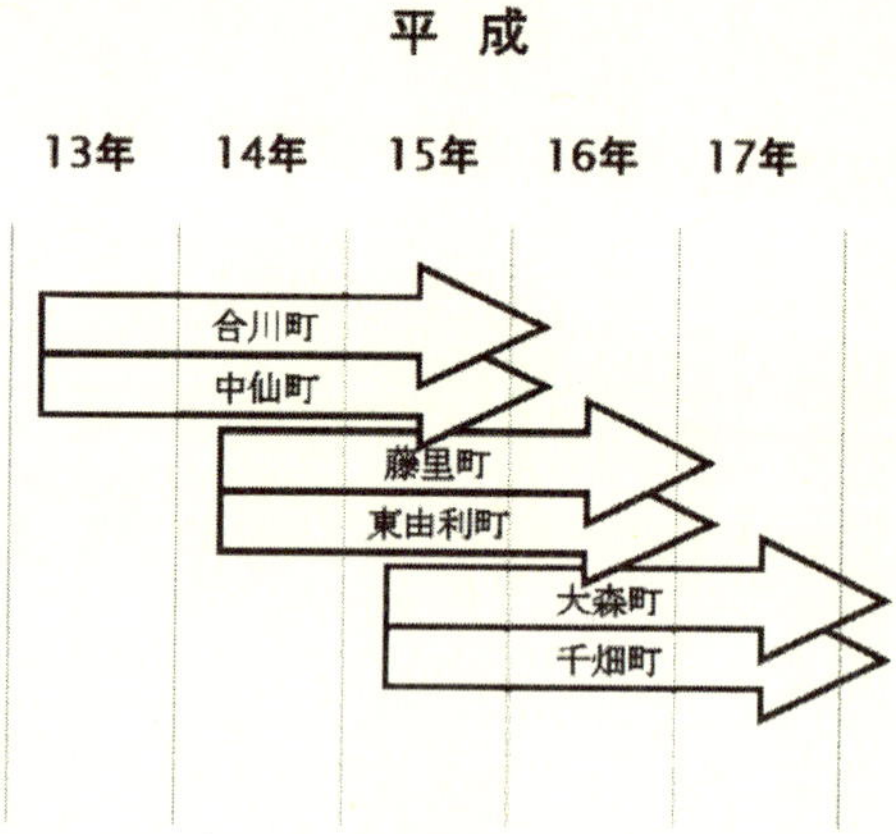

図4　秋田県における自殺予防モデル事業の進行図

だって話をすることをためらうような雰囲気があったのだが、住民を巻き込んだ形で調査を行うことで、地域のなかにある自殺に対するタブーのようなものが徐々に溶かされていくことになるのである。また、調査を実施することで、その結果を住民に返すための講演会を開いたり、うつ病のリスクの高い住民に直接コンタクトをとる機会が増えたのである。いわば、調査を口実に住民に対して健康情報を提供する機会が飛躍的に増えたのである。

住民に対して、一回きりの講演会ではなく、継続的かつ双方向的に健康情報を提供する仕組みをつくること、いいかえれば、ヘルスコミュニケーションを活性化することが地域の自殺予防対策において重要である。また、うつ病のリスクの高い住民に対しては、個別的対応を用意することで、精神科医療へのアクセスをよくすることができる。

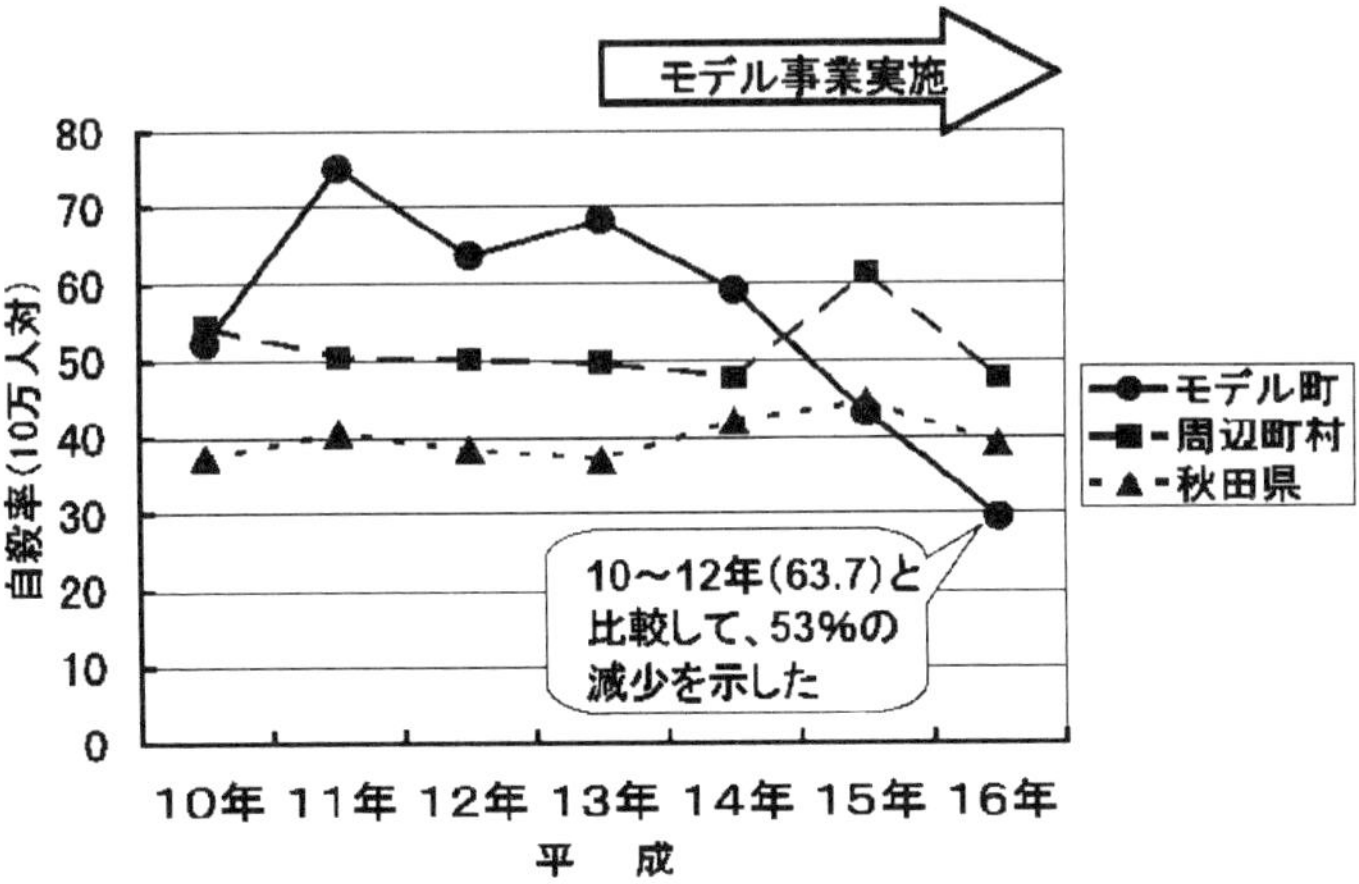

図5　秋田県の自殺予防対策モデル事業町の自殺率の推移。事業開始後、6町の自殺率は減少しはじめ、平成 16 年の自殺率は事業開始前と比較して50 %以上の減少を示した。

以上のような、大学側の協力した活動と同時に、町独自の対策を組み合せることで、モデル事業は進められた。その結果はどうであったか？　図5に六つのモデル町の自殺率の推移を示した。モデル町では事業開始前と比べて、自殺率は五〇％以上の減少を示した。これに対して、秋田県全体の自殺率およびモデル町の周辺町村の自殺率は減少傾向を示さなかった。

（7）秋田県のモデル町で自殺率が減少した理由
——うつ病の一次予防とソーシャル・キャピタルの強化

モデル町で自殺率が減少した理由はいくつか考えられる。これらの町ではうつ病や自殺に関する健康教育を積極的に行った結果として、自殺率が減少した。一次予防的な対策が開始直後から効果が認められたのはわが国でも初めてのことといえる。新潟県や岩手県で報告されている地域の自殺予防対策でも、秋田県のモデル町のように開始二〜三年後からただちに自殺率が低下するということは検証されていない。秋田県のモデル六町の人口は約四万四〇〇〇人であり、統計学的に有意な減少を明らかにするために十分な人口規模であったことが先行研究との大きな違いである。先行研究では人口数千人規模の自治体での実践であったため、もともと稀少事象である自殺の発生の年度ごとのばらつきが大きく、十分な統計学的検証が短期間のデータで確認できなかったのである。

第一の理由として、うつ病や自殺に関する一般的な健康教育だけでなく、全戸配布リーフレットの作成、小地区ごとの車座的な健康教育（ロールプレイなどを含む）、ふれあい相談員の育成などで幅広くヘルスコミュニケーションを行ったことが、自殺率減少に効果的であったのではないかと考えられる。うつ病の早期発見・早期治療という二次予防的な方法だけが自殺予防の確実な対策ではないことが明らかとなったことが重要である。

第二の理由として、うつ病や自殺に対する地域の人びとの偏見が徐々に取り除かれていったことが効果的だったのではないかと考えられる。うつ病などの精神性疾患はおぞましいもの、忌むべきものといった偏見が一般の人びとの間には根強いものと思われる。一度かかったら治らない、人には絶対に知られたくないという感覚が人びとの間に残っている。もちろん、病気や悩みは人には知られたくないものであるが、専門家や信頼できる第三者に相談することで、心の重荷を減らすことはできる。必要なのはそのことを理解することである。

自殺についても同様のことがいえる。身内に自殺した人がいることは知られたくないことだし、自殺という言葉を口にしたくない。「自殺した人は弱い人なのだから」、そういう人のことは口に出すべきではないという想いが強いのではないだろうか。モデル町で進めた対策には、「隠しておきたい、誰にも話したくない」という気持を少しでも変えて、信頼のできる第三者には思い切って悩みを相談してみようということを理解してもらう事業が含まれている。地域においては、信頼のできる第三者としては、医療・保健の専門家や民生児童委員といった福祉の担当者が考えられる。これらの人に気軽に相談ができる体制を整備していくことが対策のひとつの柱であった。

地域への愛着や人びとへの信頼性を高めていくことが自殺予防対策では重要なのではないかという視点がモデル町での自殺予防対策には組み込まれている。地域への愛着や人びとへの信頼性ということは、ソーシャル・キャピタルといわれているものである。ソーシャル・キャピタルとは社会資本と訳すのではなく、社会関係資本あるいは社会環境資本とでも訳すべきもので、個人主義が強くなり家族関係が希薄化する社会のなかで、社会における人間関係やネットワークの大切さを見直すべきだというなかで注目されてきた概念である。個人のレベルでは人びとの結びつきを強めること、社会のレベルでは共同体間の活動の橋渡しや連携を強化することがソーシャル・キャピタルの構成要素として重要である。地域における自殺予防対策を進めることは、いい意味でのソーシャル・キャピタルを強化することである。人びとがお互いに助け合い、ネットワークを強めていくことで、自らの人生の悩みを解決していく糸口を見つけられるようにする。そのために、社会ができることを地域全体で進めていくのである。

以上、地域において自殺予防を進めるために必要なことは、うつ病に対する一次予防を中心とした啓発普及活動を積極的に進め、地域におけるソーシャル・キャピタルを強化することであるということが、秋田県の経験から導き出せるのである。

（本橋豊）

第四章　フィンランドの自殺予防対策

(1) フィンランドという国の概要

フィンランドは北欧の小国である。人口は五三〇万人弱で、日本の東北地方くらいの人口規模である。地理的にはスウェーデンとロシアに挟まれ、バルト海に面している。首都ヘルシンキは北緯六〇度近くであり、北部の地方は北極圏に位置し、サンタクロースの故郷の国としても知られている。森林資源が豊富で、森と湖の国というイメージがあり、サウナ発祥の地としても知られている。冬は寒さが厳しく雪が多いだけでなく、日照時間が短い。日照時間の短さはうつ病と関係するともいわれており、自殺予防との関連で気候が論じられることもある。社会的に見ると、社会保障が充実しており、女性の社会進出も進んだ国である。フィンランドは現在、政治的には安定した国で、EUに加盟しており、通貨はユーロである。スウェーデンやノルウェーといった北欧の大国がEUに未だに加盟していないことを考えれば、フィンランドのEU加盟という選択は小国ゆえの小回りの良さなのかもしれない。

フィンランドはヨーロッパのなかでは比較的自殺率の高い国として知られてきた。フィンランドの自殺予防対策が始まる前の一九八五年では自殺率は人口一〇万対二八であった。

(2) フィンランドの自殺予防対策が生まれた背景

北欧は世界的に見ると自殺率の比較的高い地域であり、自殺予防に対する関心がもともと高い国のひとつであった。人口五〇〇万人強の小さな国で高齢化が進むなか、若者の自殺率の高さを何とかして食い止めたいという社会的背景もあった。

フィンランドの自殺予防対策は一九七〇年代より始まっていたが、その動きは、ロサンゼルスの自殺予防センターに代表されるアメリカの先駆的な自殺予防対策に刺激を受けたものであった。一九七〇年にはフィンランド精神保健協会が自殺予防SOSセンターを立ち上げ、心理的危機に直面した人への支援サービスを始めた。一九七四年には自殺予防委員会が自殺予防に関する覚書を公表した。一九七四年にはフィンランド精神保健協会が自殺予防に関する研修会を組織し、研修の教材の開発も行われた。また、国家保健局も三年間にわたる自殺予防の教育プログラムを立ち上げた。一九八五年には世界保健機関（WHO）の「すべての人に健康を」に関する議論がフィンランド保健省において行われ、これを受けて一九八六年には国家レベルの自殺予防プロジェクトが開始されることになった。ちなみに、一九八五年はカナダのオタワ市において、ヘルスプロモーションに関する国際会議が開かれ、ヘルスプロモーションに関するオタワ憲章が採択された年である。オタワ憲章はWHOの「すべての人に健康を」を先進諸国においていかに具体化するかという流れのなかで生まれてきたものであり、フィンランドの国家レベルの自殺予防対策の立ち上げにあたっても影響を及ぼしたものと推測される。

（3）フィンランドの国家自殺予防プロジェクトの概要

フィンランドの自殺予防プロジェクトは一九八六年から開始されたが、十年以上に及ぶこのプロジェクトは大きくわけて三つの時期に区別される。一九八六〜一九九一年が研究期、一九九二〜一九九六年が実行期、一九九七〜一九九八年が評価期である。

研究期には自殺者の死亡直前の精神医学的な評価を厳密に行う心理学的解剖という手法を用いた疫

学的研究が行われた。この研究では一九八七年四月から一九八八年三月までの一年間におけるフィンランドの全自殺例一三九七人について心理的解剖が行われ、全国レベルで自殺例の追跡調査を行い実態を明らかにするという目標が達成された。うつ病と自殺の関連があらためて明らかにされるとともに、自殺予防対策を行わなければという気運を高めるのにも役だった。

研究期の成果をうけて実行期が始動したが、実行期では研究レベルの指導者から自殺予防対策の実務の指導者にプロジェクトの責任者が変更された。国としての自殺予防対策はフィンランド国立福祉保健研究所（ＳＴＡＫＥＳ）が実行主体となって遂行することになり、心理学者であるマイラ・ウパンネ博士が総責任者となった。プロジェクトの最終目標は、自殺率をベースラインデータから二〇％減少させるというものであった。国立福祉保健研究所ではまず自殺予防のモデルを提示し、それに基づいて具体的な自殺予防対策を実現していくという方法をとった。自殺予防の理論的モデルとして、「相互影響モデル（インタラクティブ・モデル）」と呼ばれるモデルが採用された。このモデルはうつ病が原因で自殺が起きるというような単純なうつ病の疾病モデルで自殺予防対策を進めるのではなく、社会のさまざまなネットワークを揺り動かし相互に影響を及ぼし合いながら自殺予防活動を活性化させようというモデルであり、ヘルスプロモーションの理念にもとづくモデルである。

図1に相互影響モデルの概念を示した。相互影響モデルは疾病モデルを乗り越えるものとして提示されている。多くの自殺にはうつ病が関係しており、うつ病を早期発見・早期治療さえすれば自殺は予防できるという考えが疾病モデルである。このモデルは精神医学者達が強調するモデルである。確

かに、自殺者の死亡直前の心理的状況を詳細に検討した研究では、自殺者の自殺直前の心理的状態は精神医学的に治療が必要な疾病として捉えられることが多いことが知られている。とりわけ、うつ病は自殺と関連が深いことが知られており、自殺者の八割以上がうつ病の状態であったという報告がある。うつ病に対する薬物治療学が確立した現在では、早期発見できれば自殺に至るようなうつ状態を一時的に改善させることができるということも科学的には確かなことであり、一定の説得力のあるモデルである。また、疾病モデルはうつ病の患者を治療するということが前提であり、個人を対象とした対策が中心になる個別的対応を重視するモデルでもある。

これに対して相互影響モデルは自殺に至るにはさまざまな原因が考えられ、それらの要因が相互に影響しながら自殺という現象を生み出していると考えるモデルである。うつ病という特定の要因を重視する疾病モデルを相対化し、さまざまな要因への関与を視野に入れて対策を行うことを明示するモ

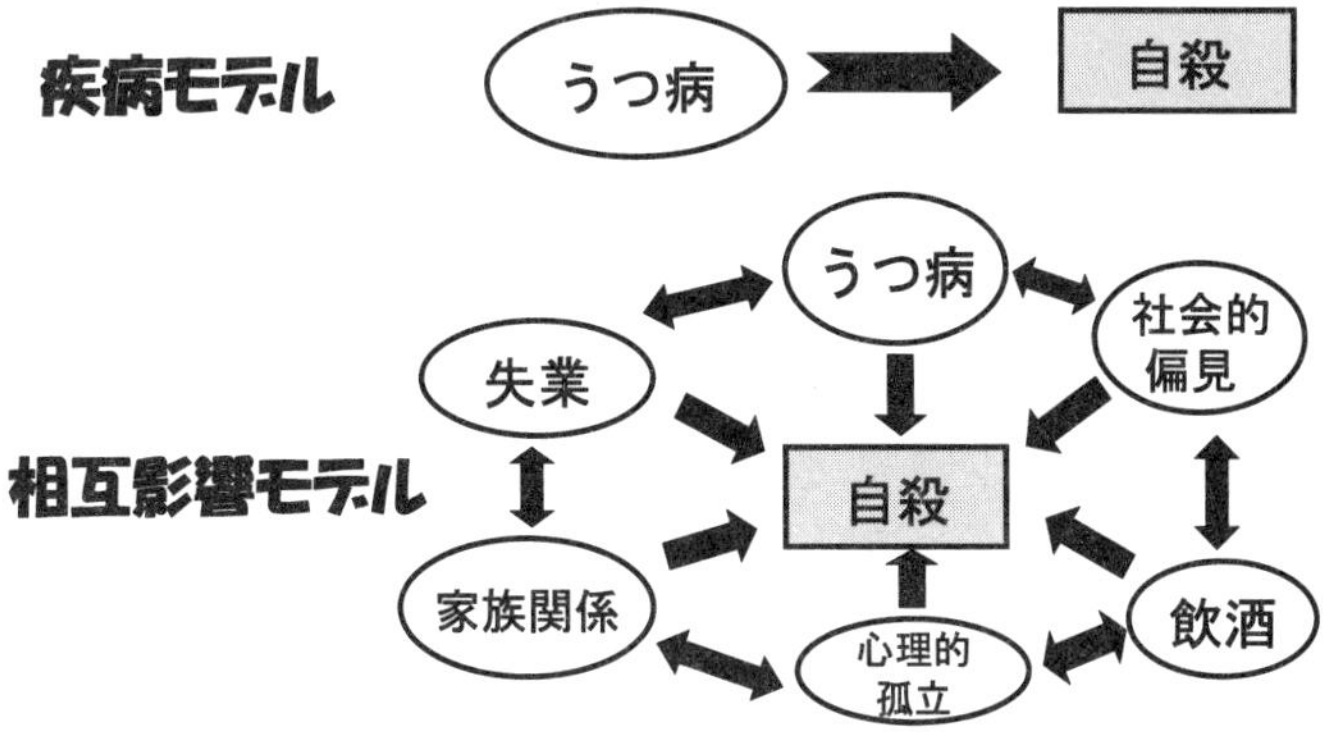

図1　自殺予防に関する２つのモデル

デルである。相互影響モデルは個別的対応よりは、社会全体としてどのような対策を立てるべきかを考えさせるモデルであり、社会的対応を重視するモデルであるといえる。

さて、フィンランドの自殺予防対策では、相互影響モデルに基づき、地域、学校、軍隊といった活動の場で自殺予防対策の連携相手が模索され、四〇ものサブプロジェクトが生み出された。具体的なサブプロジェクトとしては、「自殺予防とマスコミュニケーション」（新聞協会との連携）、「うつ病プロジェクト・顔をあげて」（医療部門との連携）、「自殺未遂者に対するケア」（医療部門との連携）、「学校における危機介入」（学校教育との連携）などがあげられる。

一九九七～一九九八年は評価期であり、それまでに行われたプロジェクトの内部評価および外部評価が行われた。内部評価の結果は、「自殺は予防できる」（国立福祉保健研究所、一九九九年）という文書の形で公表されている。また、外部評価結果は「フィンランドの自殺予防対策、一九八六～一九九六年、国際評価グループによる外部評価」（フィンランド社会保障保健省、一九九九年）という形で公表されている。これらの評価結果の具体的内容については、後述する。

対策を実施した結果、フィンランドの自殺率はどう変化したのだろうか。結論からいうと、一九八六年と比べて約九％の減少を示した。当初の目標値は達成されなかったものの、一九九〇年代にフィンランドはソビエト崩壊という大事件の影響で経済的苦境に立たされ失業率が上昇していたのにもかかわらず、自殺率が減少したという事実は世界的にも高く評価されている。

図2はフィンランドの人口動態統計をもとに、一九八〇年から二〇〇二年までの自殺率（男性、女

性）を示したものである。この図をもとに、フィンランドの自殺率と自殺予防対策の推移を見てみよう。

フィンランドの自殺率は一九八〇年代後半から、じわじわと上昇傾向を示していたことがわかる。研究期が終わり実行期に移行する時期に生じた最も大きな政治的変化はベルリンの壁の崩壊（一九八九年）とそれに続くソビエト連邦の崩壊である。歴史的、経済的にソビエト連邦の影響を強く受けてきたフィンランドはソビエト連邦崩壊の影響を経済面でもろに受けることになった。ソビエト連邦の崩壊後、フィンランドの失業率は急激に上昇した。しかし、きわめて急峻な上昇にもかかわらず、フィンランドの自殺率はこれと連動して上昇するという現象は見られず、むしろ減少傾向を示したのである。失業率が上昇す

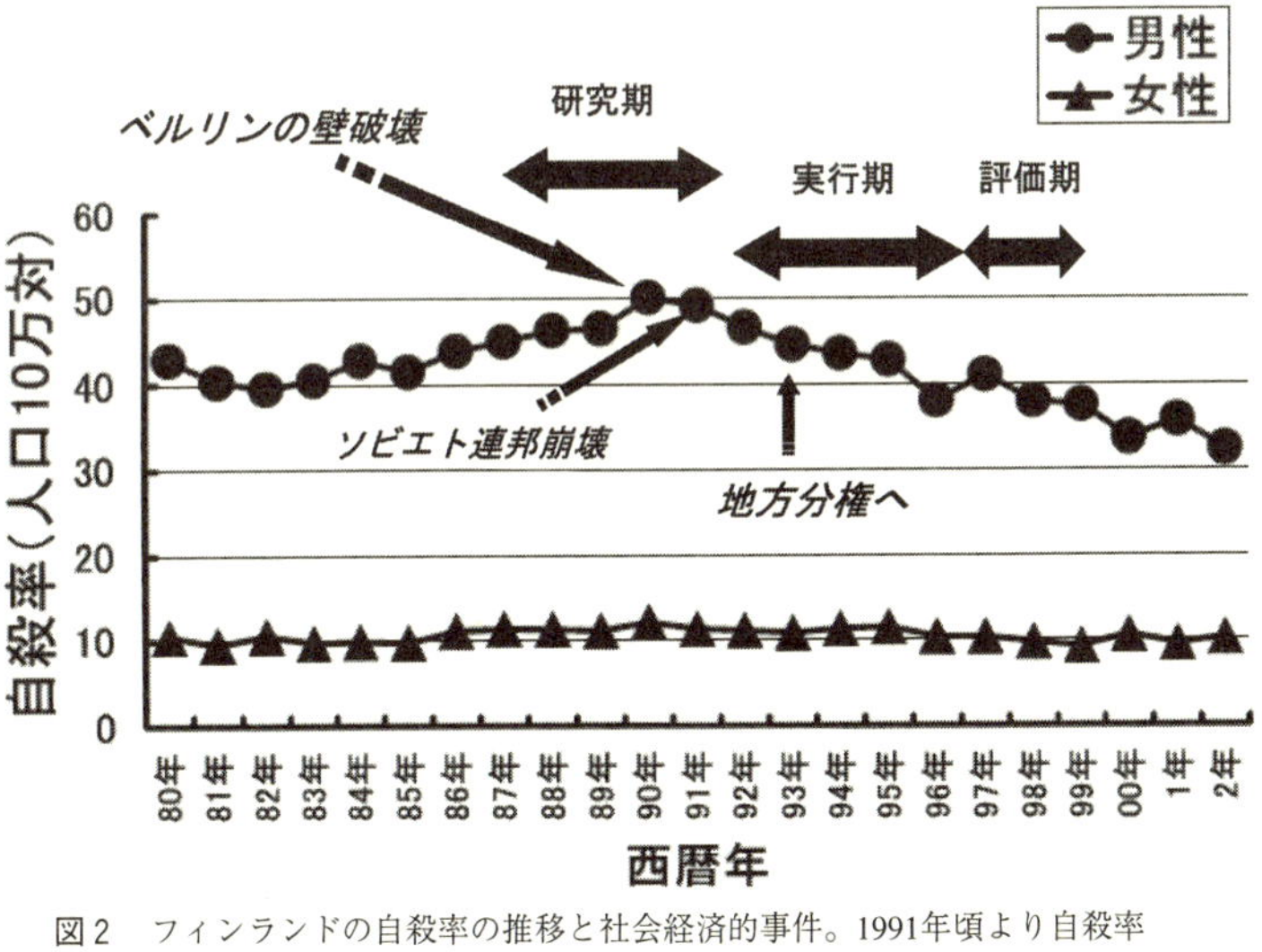

図2　フィンランドの自殺率の推移と社会経済的事件。1991年頃より自殺率は低下傾向を示した。しかし、この時期には隣国のソビエト連邦の崩壊という大事件が起きており、この事件の影響があった可能性は否定できない。

ると自殺率が上昇するという現象は日本を含めて、世界各国で見られる現象であり、フィンランドにおける自殺率と完全失業率の推移の乖離は珍しい現象ということができる。

（4）フィンランドの自殺予防対策を推進した行政上の責任主体

どのような組織が中心になって国家レベルの自殺予防対策が進められたかを知ることは、実務的にはきわめて重要な問題である。わが国の国家レベルでの自殺予防対策の推進の弱点は行政組織上、自殺予防を担当する部署が明確でなかったことである。そういう意味で、フィンランドの組織上の取り組みはひとつの参考となるだろう。

自殺予防対策の初期においては、フィンランドにおいても行政組織上の自殺予防の責任主体のあり方は明確なものとはいえなかった。一九八七～一九九二年の時期、自殺予防対策の舵取りは、国家保健委員会のちには社会福祉保健庁により任命された委員により行われた。この時期は社会福祉保健庁が行動戦略の実行を行い、国立公衆衛生院がプロジェクトの基礎となる自殺研究を行った。

一九九二年から一九九七年の時期においては、プロジェクトの運営組織は一新された。社会福祉保健庁と社会保健省はプロジェクト遂行のための契約書を締結し、自殺予防プロジェクトは国家プロジェクトとしてのお墨付きを得たことになった。自殺予防プロジェクトが国家による裏付けを得たことにより国内で行われるさまざまな活動が国家プロジェクトであると位置づけられるようになったのである。この時期の行政上の責任は国立福祉保健研究所により任命された管理委員会に委譲された。管理委員会の長には、国立福祉保健研究所長が就任し、同研究所のスタッフがプロジェクト遂行の中心となった。

ところで、このような行政組織上の体制が組まれたことを理解するとともに、自殺予防対策の財源はどのようなものであったかも知る必要がある。一九九二年以降のプロジェクトの財源は、国立福祉保健研究所と社会保健省の予算で賄われた。国立福祉保健研究所は人件費と運営資金に関する予算を拠出し、全予算の約七割を負担した。一方、社会保健省は健康教育に関する予算を負担し、全予算の約三割を負担した。一九九二年から一九九七年に支出された自殺予防対策関係の予算総額は約一〇〇〇万フィンランドマルク（約二〇〇〇万米ドル）であり、一年あたり約一四〇万フィンランドマルクであった。仮に一米ドル＝一二〇円として換算すると、約二億四〇〇〇万円であり、一年あたり約四〇〇〇万円となる。予算のなかにはプロジェクトの人件費が含まれており、最も雇用人数の多かった一九九四〜一九九六年には年間約八人なので、実際にプロジェクトの事業実施に当てられる経常的予算はその半分くらいだったのではないかと推測される。わが国の平成十七年度の自殺予防対策関連費は八億五五〇〇万円であり、この予算にはプロジェクトスタッフの人件費は含まれていない。人口一〇〇〇万人あたりの自殺予防対策費を試算すると、日本は約六五〇〇万円、フィンランドは約四〇〇〇万円（人件費を除く対策費を約二〇〇〇万円とした）である。単純な比較はできないものの、両国で投入される人口あたりの自殺予防対策予算に大きな開きはないといえるかもしれない。

(5) プロジェクトの実施のためのモデル構築——協働プロセスモデル

一九九二～一九九六年に実施された自殺予防プロジェクトは全国規模で計画を実施するという戦略にもとづいて行われた。実務的な計画の目標としては、専門的な立場から自殺予防を実践すること、専門家や市民が自殺予防に対処する可能性を高めること、情報提供を活発にし、この問題をオープンに語るという雰囲気を醸成することであった。そして、自殺予防の活動を通じて以下のような具体的な目標をうみだすことが期待された。

1　いくつかの分野での実質的なプロジェクト
2　実用的な自殺予防のモデル
3　情報提供および健康教育の資料
4　教育の枠組みとその教材
5　広報・宣伝による介入

プロジェクトは、自発的な活動とプロジェクトグループにより行われるサブプロジェクトの二つのものが含まれていた。

さて、対策を進める上でプロジェクトチームが提示したのは「協働プロセスモデル（cooperation process model)」である。図3にこのモデルの概要を示した。自殺予防対策の中心になるのは国立福祉保健研究所（ＳＴＡＫＥＳ）であり、同研究所はプロジェクトの推進のために、国内のさまざまな団体や組織と契約を結び、自殺予防対策を進めてもらうようにした。契約の相手となる組織や団体の各部門のキーパーソンや活動家に自殺予防対策の本質を理解してもらい、キーパーソンを通じて自殺予防対策を草の根的に広げていこうというモデルであった。組織や団体としては、地域、教会、軍隊、職場、学校、ＮＰＯ団体などが参加した。参加に当たっては、参加平等の原則を適用し、国立福祉保健研究所と参加団体は対等の関係でプロジェクトを推進

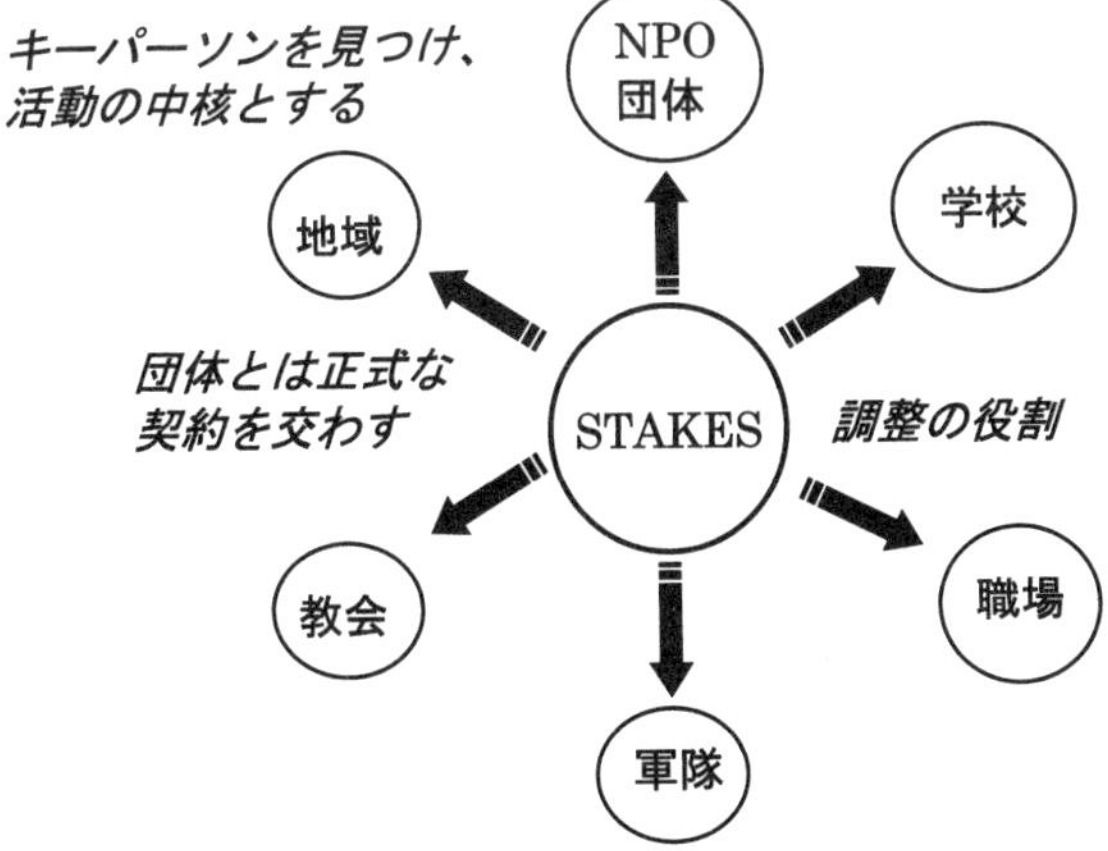

図3　協働プロセスモデルの枠組み。国立福祉保健研究所（ＳＴＡＫＥＳ）を中心にさまざまな活動分野でキーパーソンを見つけ、活動の中核になってもらい、それぞれの組織で具体的な活動を企画し、実行してもらう。国立福祉保健研究所は調整役としての役割を果たす。

していくということにした。

協働プロセスモデルでは次のような原則が考えられた。

1　現在行われている活動と今後何が行われるべきかというニーズを明らかにすること

2　モデルが機能する条件を検証すること

3　今後行われるべき事の目的を明確にすること

4　現状況下で目的に適合した行動が計画されること

5　活動に携わる人のノウハウが活用されること

6　連携の努力を通じて、専門性を共有するという方針で行動が取られること

7　良き人間関係を保ち、積極的かつ自分たちの活動が報われるという雰囲気を保証する努力が行われること

8　きちんと定められた成果を実質的に生み出すような努力がなされること

この協働プロセスモデルは次のような四つの利点をもっていた。

1　参加するサブプロジェクトの目的と活動は自殺予防プロジェクトの大きな目標と合致し、プロジェクトと関連しているということを保証することができる

2　協働プロセスモデルという実用的なモデルを全国に広げていくことができる

3　自殺予防プロジェクトへ関与できる、プロジェクトに参加することの動機づけを与えることが

できる

4　永続的にプロジェクトを推進する可能性を広げることができる

（6）自殺予防対策の具体的メニュー

フィンランドの自殺予防対策で行われた具体的なメニューを箇条書きで示すと次のようになる。

1　研究プログラム　自殺予防に関するモデル構築
2　プロジェクトのキーパーソンのネットワーク構築
3　ニュースレターの発行
4　プロジェクトに関する情報提供サービス
5　自殺予防に関するマスコミュニケーション
6　自殺予防教育に関するプログラム
7　自殺予防の地方計画の策定
8　地方政府との協力
9　基礎自治体等との協力（ヘルシンキ市、刑務所訓練センター等）

10　国際的な協力
11　相談業務、指導、個別的サービス
12　プロジェクトの管理運営
13　自殺予防プロジェクトに関する本の出版

メニューを見るとわかるように、協働プロセスモデルに基づいて、行政やその他の組織とのネットワークを形成し、それらの組織を揺り動かしていくための方策がとられている。情報提供、広報宣伝、教育といったコミュニケーションを通じて、国民に自殺予防に関する理解を深めてもらうという戦略が見えてくる。しかし、これらのメニューだけでは何が行われたかが見えてこない。そこで、次節ではより具体的なサブプロジェクトの内容を見ていくことにする。

(7) 自殺予防のサブプロジェクト

サブプロジェクトとしては、「自殺未遂者に対する支援」、「うつ病に対するプロジェクト　顔をあげて」、「地域における子供の心の危機管理対策」、「若者に生き方の支援」、「警察との協力」、「労働省との協力」、「失業者に対する対策」、「男性の自殺予防へ向けた互助」、「薬物依存と自殺予防」、「草の根活動を拡大する六つのサブプログラム」などがあげられる。

1　自殺未遂者に対する支援

一九九四年から開始されたサブプロジェクトである。具体的には自殺未遂者への支援を行っている団体の関係者を集めて、自殺未遂者への支援活動の実態を把握し、報告書の形にまとめた。この報告書には支援団体の相談窓口のリストが掲載されている。一九九四年の時点では全国で十八の団体が活動しており、精神科クリニックや教会や結婚紹介所などの支援を受けていた。

このサブプロジェクトでは実態把握と文書上のネットワーク化が行われただけなので、プロジェクトの実態としては高い評価は与えられないように思われる。しかし、このサブプロジェクトでは言及されていない既存の団体の活動実態を見ると、自殺未遂者への支援はフィンランドでは手厚いものであることが理解される。

著者らは二〇〇四年十一月にフィンランドの自殺予防対策の実態に関する実地調査を実施したが、その際にフィンランド精神保健協会のＳＯＳセンターを訪問した。このＳＯＳサービスはすでに述べたように一九七〇年代から開始されたが、国家レベルの自殺予防プロジェクトが実施される前から、全国的な自殺未遂者への支援を行う体制が整えられていたのである。ＳＯＳセンターは現在ではフィンランド全土で五〇カ所以上あり、活動を行っている。業務としては二四時間体制の電話相談の他、電話による要請でスタッフが直接車で家庭を訪問するというサービスも行っている。その際には、警察と連携を取りながら対応を取っている。また、自殺者の遺された家族を対象にグループセラピーも行っている。SOSセンターの担当者に国家レベルの自殺予防プロジェクトとの関わりを訪ねたところ、ネットワークの会議などには参加はしたが、具体的活動については、国から財政的支援を受けることはなく、日常業務を淡々と行っていたとのことであった。

以上から、国家プロジェクトにおける自殺未遂者への支援は、SOSセンター等が従来から自主的に行ってきた活動を、プロジェクトの活動と位置づけ、ネットワーク化を図ったことであると理解される。

2　うつ病対策としての「顔をあげて（Keep Your Chin Up!)」プロジェクト

一九九四年に労働局精神保健課は、うつ病に対する研究の中心的役割を果たすことから、うつ病対策を自殺予防のサブプロジェクトの一つと位置づけることに、国立福祉保健研究所と同意した。これを受けて、一九九四～一九九八年に「顔をあげて　うつ病に関する国家プロジェクト　一九九四～一九九八年」を開始した。その目的は次の四つであった。

1　うつ病に対する啓発や、助けを求めることへの心理的抵抗を弱めることを、集団あるいは個人のレベルで進める

2　誰もが必要なときに必要な治療や助けを求めることができるようにする

3　うつ病で悩む人びとに地方および地域のケアと活動を受けられるようにすること
4　国民の集団全体の自殺傾向を減少させること

3　子供の心の危機管理プロジェクトの地方での展開

学校の場でどのような自殺予防対策が可能かということで教育委員会との連携が模索された。そして、学校の場における自殺予防のサブプロジェクトの重点をどこに絞り込むかということが問題となった。学校の場での自殺予防対策には、例えばカリキュラムのなかに自殺予防に関するプログラムを組み入れるというようなことも考えられる。しかし、サブプロジェクトとしては、現場で求められている、自殺危機への対応に重点をおくことに決められた。

そこで、重点プロジェクトを「学校と自殺行動危機」に絞ることになった。このサブプロジェクトでは、一九九三年に小児精神科医と学校のソーシャルワーカーが協働して、ピルカンマ地方で子供の心の危機管理に関する介入プロジェクトを開始した。まず、この問題に関する現状を把握した上で、子供の心の危機管理サービスを展開するための原則と実用的モデルを確立することであった。

4　若者の人生の生き方の支援

このサブプロジェクトでは若者がお互いに助け合うという互助の形を模索することが求められたが、具体的な進展には乏しかった。この分野ではすでに多くの他のプロジェクトが行われており、新しいサブプロジェクトを立ち上げるというよりは、これらの既存のプロジェクトに自殺予防の観点を入れることが求められた。具体的にいえば、薬物依存者に関する会議への協力や、「悩みを抱えた患者に対する病院外来サービスに関するセミナー」への協力、教会と協働した若者向けセミナーへの協力、学生への精神保健推進協会の「人生の意味を見つける」プロジェクトへの協力などであった。

5　警察との協力

警察業務のなかで自殺予防の危機管理に関する専門的知識を提供しスキルアップを図ることと、ストレスの多い警察官がいかにストレスに対処するかという二つの観点から警察との協力が行われた。

6　その他のプロジェクト

その他に行われたサブプロジェクトとして、「労働省との協力」、「失業者に対する対策」、「男性の自殺予防へ向けた互助」、「薬物依存と自殺予防」、「草の根活動を拡大する六つのサブプログラム」などをあげることができる。

（8）フィンランドの自殺予防プロジェクトの外部評価結果について

1　総括的な評価

一九九九年三月にフィンランドの自殺予防対策の外部評価に関する文書「一九八六～一九九六年のフィンランドの自殺予防」が公表された。外部評価を行ったのは、スウェーデン人一名、オランダ人一名、フィンランド人二名の外部評価グループであった。外部評価の目的はプロジェクトの目的、適切性、結果を評価することであった。プロジェクトそのものは、「研究に基づく全国的広がりをもつ体系的かつ包括的な国家プログラムであり、自己評価と外部評価が行われた世界で初めてのものである」と肯定的に評価されている。

研究期には、全国規模の精神医学的な疫学研究が行われ、この研究は自殺問題に関する社会の関心をおおいに高めた点で意義があった。しかし、社会的、心理社会的、文化的観点からのデータが不足している点が難点であった。また、対策を実施する方法論も欠けていた。

実行期には、対策実施の方法論としてヘルスプロモーションの理念にもとづく相互影響モデルが採用され、プロジェクトの実施は全国のあらゆる部門をカバーして行われた。フィンランドの自殺予防対策の最も重要な点は自殺予防に関するあらゆる知識や関心をさまざまな組織や団体で組織化し、次のステップへ結びつけようとしたことであり、その際に組織や団体が相互に影響を及ぼす形で活動を深化させようとしたことである。

個別の部門で見ていくと、サービス部門の組織や専門家には大きな影響を及ぼしたが、保健部門への影響は当初予想していたほどではなかった。また、地方行政へのプロジェクトの浸透は不十分であった。他国の対策では重視されている自殺手段の規制は行われなかった。

結論的には、プロジェクトの達成度は大きく、その欠点を十分にカバーするものであった。自殺予防ということだけでなく、国家的なヘルスプロモーション活動を進めたという意義は大きかった。さらに、他国が自殺予防の取り組みを進めるにあたって、フィンランドの経験から多くのことを学ぶことができると考えられる。

2　プロジェクトは自殺率の減少に寄与したか

十五歳以上の自殺率はプロジェクト開始前の一九八六年には人口一〇万あたり三二・九であったが、一九九六年には二九・九となり九・一％減少した。また、一九九六年の自殺率を一九九〇年の自殺率三七・五と比較すると、一四％の減少となる（図2参照のこと）。これらの自殺率の減少が本当に自殺プロジェクトによるものなのかどうかを判定することは難しいと外部評価書では記載されている。自殺予防プロジェクトの実行期はすでに述べたように、ソビエト連邦の崩壊とそれにつづく経済的不況期と一致しており、失業率の増大や医療資源の減少が認められた時期である。またSSRIなどの新しい抗うつ薬が開発され使用されはじめた時期に一致する。このようなさまざまな社会経済的条件に加えて、自殺予防プロジェクトで強化されたうつ病キャンペーンによるうつ病に対する国民の知識の増加が考えられる。どの要因がどれだけの寄与をしたかを判定することは難しい作業である。

フィンランドの自殺予防プロジェクトはいわば社会実験のひとつともいうべきものであり、厳密な比較試験を行ったものではない。科学的評価に耐えるだけの研究デザインは組まれていなかったのが実情であり、その結果、厳密な意味での評価は困難である。少なくともいえることは、ソビエト連邦崩壊後の経済的不況と失業率の増大にもかかわらず、自殺率が上昇するという傾向を抑制したことだけは確かである。国家レベルの自殺予防対策は自殺率減少に貢献したかもしれない、というい方が妥当であると外部評価書は述べている。「少なくともフィンランドはこの問題に真剣に取り組み、自殺率という数字は好転した」という事実は十分に認められるのである。

3　自殺予防プロジェクトの成功した点と弱点

自殺予防プロジェクトの成功した点としては次のようなことがあげられる。まず、うつ病を中心とした医学的研究が格段に進んだことである。研究期の初期に行われた自殺者の心理学的解剖の研究はその代表である。しかし、その研究内容は医学的内容に偏っており、自殺の社会経済文化的側面に関する研究に力点が置かれなかったことおよび自殺予防研究プロジェクトの評価に関する研究が体系的に行われなかったことが問題点であると外部評価書は指摘している。

第二に、実行期においては、国のさまざまな部門がプロジェクトに参加したことである。四〇ものサブプロジェクトが作られたことがその証左である。このようなさまざまな部門の参加を理論づけるモデルとして、協働プロセスモデルが構築された。これは国立福祉保健研究所のグループがプロジェクトを進めて行く上でのモデルの必要性に迫られて理論づけたものである。協働プロセスモデルを実践していくためには、行動を起こしながら学ぶ（learn by doing）という形をとらざるを得なかった。本来ならば、学んだあとに行動を起こすほうが効率的なはずであるが、フィンランドの場合にはそのような形を取ることはなかった。協働プロセスモデルではキーパーソンやゲートキーパーが重要な役割を果たすが、実際のサブプロジェクトの実施にあたっては、これらのキーパーソンは実質的に参加していた、と評価された。

第三に、多くの会議が開催され、その会議の成果がガイドブックなどになって出版され、プロジェクトの推進に役だったことが認められた。これらの成果はフィンランド語だけでなく、英語にも翻訳されて世界に向けて情報発信された。

これに対して、プロジェクトの弱点としては以下のような指摘が外部評価ではなされた。

第一に、経済的状況を変えたり精神科医療の減弱を防ぐような介入はなされず、これらの要因がどのように自殺率減少に寄与したかがわからなかったことである。また、研究期の初期において行われた研究のデータが実行期の実践に必ずしも有効に活用されなかった。実行期の初めの頃から外部評価がなされていれば事態はよくなったかもしれない。評価の視点というものは実行期の段階から入れるべきであると外部評価書は指摘している。

第二に高齢者をターゲットにしたプログラムがなかった点が惜しまれる。また、自殺手段の規制に対する対策が盛り込まれなかった点も弱点としてあげられる。

第三に、精神科医や心理学者の参加が実行期において弱かった。研究期においては、精神医学的研究が中心に行われたが、実行期にはその成果を活用するための精神科医や心理学者がプロジェクトに積極的に参加しなかったのである。プロジェクト推進の中心が精神科医という医学専門家から国立福祉保健研究所の専門家に移行したことがその一つの要因であると考えられる。自殺予防を医学的モデルで進めていくのか協働プロセスモデルで進めていくのかという考え方にギャップがあった点は否めないであろう。

第四に、政治家や行政トップをプロジェクトにうまく巻き込むことが難しかった点があげられる。このことは、自殺予防プロジェクト終了後にこのプロジェクトを継続させることができなかったことにつながった。

以上、外部評価委員の目を通して客観的に見たフィンランドの自殺予防プロジェクトの辛口の評価を見た。

(9) フィンランドの自殺予防対策の特徴（要約）

フィンランドは世界に先駆けて国家レベルの自殺予防対策を立案し、実行した国である。一九八六年から一九九八年までの自殺予防プロジェクトの期間内に、自殺率をベースラインデータから二〇％減少させるという目標が設定された。そのために、まず自殺予防対策のモデルを提示し、それに基づいて具体的な自殺予防対策を実現していくという方法をとった。自殺予防の理論的モデルとして、「相互影響モデル（インタラクティブ・モデル）」と呼ばれるモデルが採用された。このモデルはうつ病が原因で自殺が起きるというような単純なうつ病の疾病モデルで自殺予防対策を進めるのではなく、社会のさまざまなネットワークを揺り動かし相互に影響を及ぼし合いながら自殺予防活動を活性化させようというもので、ヘルスプロモーションの理念にもとづくモデルであった。このモデルにもとづき、地域、学校、軍隊といった活動の場で自殺予防対策の連携相手が模索され、四〇ものサブプロジェクトが生み出された。その結果、一九八六年と比べて約九％の減少を示した。一九九〇年代前半にフィンランドはソビエト崩壊という大事件の影響で経済的苦境に立たされ失業率が上昇していたのにもかかわらず自殺率が減少したことは高く評価された。

（本橋豊）

フィンランドの自殺予防担当者を訪ねる旅――ムーミンの国でみたものは

平成十六年十一月に筆者ら（本橋豊と佐々木久長、秋田大学医学部）はフィンランドの自殺予防対策の実情を調査するために、ヘルシンキを訪れた。これはそのときのフィンランドの印象を旅行記風にまとめたものである。秋田県公衆衛生学会第二巻（二〇〇五年）に掲載された文章を著者の許可を得て転載する。

1　STAKESのウパンネ博士と国立公衆衛生院のレンクビスト博士を訪ねて

十一月下旬のフィンランドは厳しい冬景色の中だった。リムジンバスで空港からフィンランド中央駅に着いたのはいいが、ブリザードの中で五メートル先もよく見えない。重い荷物を抱えながらしばし呆然としたが、こういうとんでもない季節に訪ねるのも意味があると思った。翌日、ホテルで朝食を済ませて朝九時頃街に出たが、あたりはまだ暗い。朝らしい景色となったのは午前十時過ぎである。そして午後は四時過ぎにはもう太陽は沈み、早い夜がやってくる。北欧にはうつ病の人が多いといわれるが、その理由が実感できたような気がする。日照時間と気分の変動には関連性がある。日本の秋田などの日本海側の農村県で自殺率が高いのも日照量と関係があると考えられるが、北欧の冬を経験すれば、十分に納得できる。

さて、今回のヘルシンキ訪問の目的はフィンランド国立福祉保健研究所（ＳＴＡＫＥＳ）と国立公衆衛生院（ＫＴＬ）の自殺予防の専門家に会うためであった。ＳＴＡＫＥＳではフィンランドの国家自殺予防戦略の総責任者であったマイラ・ウパンネ博士に会うことができた。ウパンネ博士は男女共同参画社会を実現しているフィンランドらしく、精力的な女性だった。ウパンネ博士を中心にＳＴＡＫＥＳのメンバー五人前後でフィンランドの国家自殺予防プロジェクトを企画し実行してきた。フィンランドの自殺予防戦略は前半で精神医学的な研究を実施し、後半でその結果を受けて具体的な活動を実行していった。まずはじめに私がウパンネ博士に聞きたかったことは、自殺予防対策を進めていくうえで、もっとも重要なことは何かということだった。ウパンネ博士が強調したのは、自殺予防戦略を進めるにあたって、しっかりとした自殺予防のモデルを構築することが重要であるということである。ＳＴＡＫＥＳが作り上げたのは社会全体を巻き込むネットワーク重視、一次予防重視の自殺予防対策である。うつ病予防はもちろん重要な柱であるが、必ずしもうつ病の二次予防対策に偏ることなく、社会のさまざまな部門に協力を求めて、地道な一次予防活動を広げていくという方法を取ったのである。これはまさしく公衆衛生学的アプローチであった。フィンランドの自殺予防対策のターゲットは若年層であり、高齢者は主たるターゲットとはされなかった。この点はプロジェクトの外部評価においても弱点として指摘されている。

しかし、それはともかく、フィンランドの国家自殺予防戦略は成功を収めた事例として世界に広く知られている。本格的な自殺予防対策を始める前の一九九〇年と比べて一九九六年には自殺率は約一四％の減少を示した。この減少が自殺予防対策の直接的な効果であることを立証することは難しいが、少なくとも失業率が上昇しているにもかかわらず自殺率が増加しなかったことは、自殺予防対策の結果であると評価されている。

私が総責任者であるウパンネ博士に聞きたかったもうひとつの質問は、国家プロジェクトが終了して、その後国家としての自殺予防の取り組みはどうなったのかということである。これに対する答は、その後体系的に国家レベルでの取り組みは行われていない、というものであった。その後のフィンランドの自殺率は増加傾向を示していない。プロジェクトが終わっても撒かれた種はそれぞれに小さな木に育ったということだろうか？プロジェクトが終了しても、研究成果を論文や講演で知らせるという仕事でウパンネ博士は忙しいようだった。別の日に、ヘルシンキ郊外にある国立公衆衛生院（ＫＴＬ）のジューコ・レ

写真１　STAKESの正面入り口近く。7階建の現代建築で内部もモダンであった。

ンクビスト教授を訪問した。レンクビスト教授は精神科医であり、公衆衛生院の精神保健部長を務める傍ら、自らのクリニックで診療もしているという。公衆衛生院ではうつ病予防をはじめさまざまな精神保健問題を扱っているとのことであった。とくに、最近はフィンランド国内のうつ病治療の標準化のために努力されてきたとのことであった。レンクビスト教授が強調されたのは、一九九〇年以降、うつ病治療にＳＳＲＩが導入されたことにより、一般医がＳＳＲＩを処方するようになったため、ＳＳＲＩの消費量が直線的増加を示し、これに対応して自殺率も低下したということであった。精神科医としての視点から、自殺率の低下を説明しようとしているのが印象的であった。

フィンランドの医療システムはイギリスと同様、国家保健サービス（ＮＨＳ）方式であり、初期診療において一般医の占める役割が大きいようである。それゆえ、ＳＳＲＩ導入により、一般医の処方が増えたというのも納得できるところである。

自殺予防の取り組みに対する公衆衛生専門家と精神科医の考え方の微妙な違いは、われわれにも身近なことであった。

（本橋　豊）

写真2　レンクビスト教授の研究室にて。新鮮なパンと果物がフィンランド流のもてなし。

2　小さな国を支える「信頼」という大きな力

初めて訪れる街を知るためには、まず自分の足で歩くことが基本だと思う。そう自分に言いきかせて、到着した翌日の朝五時頃まだ暗く寒い街に出てみた。警戒心が無かったわけではないが、冒険もまた旅の醍醐味である。ヘルシンキ中央駅のすぐ前にあるホテルを出発し三〇分程歩いてみたが、商店街にずっと続いているショーウィンドーやそこに展示されている貴金属などをみて、この国の治安の良さを感じることができた。この印象は今回の滞在を通して私の心に深く染み込んだ印象である。一四フィンランドマルクのガイドブックは、デンマーク、ノルウェー、そしてスウェーデンと一緒に「北欧」というタイトルにまとめられている。フィンランドの人口は約五二〇万人で、青森県、岩手県、秋田県、山形県の人口の合計とほぼ同じである。日本に比べると小さい国という印象を持ってしまうが、大国ロシアとの国境線を維持し、北欧で最初に通貨をユーロに切り替えるなど、独自性を発揮している国でもある。これも国内の安定がなければ出来ないことである。訪問の目的の一つであった「NPOによる自殺予防活動」を調査するために訪れたフィンランド精神保健協会は、メンタルヘルスの普及啓発と危機介入を目的としたNPO（NGO）である。ヘルシンキ中央駅から五分程で到着する隣駅で降りて、徒歩十分程度のところにあるビルの四階に本部とSOSセンターがある。エレベータで四階に着くと鍵のかかったドアがあり、スタッフ以外は受付の人に開錠してもらわないとフロアに入れないようになっている。このシステムによって面接やグループセラピーを受けに来る人たちのプライバシーと安全が守られている。私が内部の写真を撮らせて欲しいとお願いしたときも、利用者のことを考えて遠慮して欲しいといわれたが、このような感覚は利用者の立場から考えるということが徹底しているところから出てくるものであろう。NPOとして活動する際の最も大きな課題の一つに財源の確保がある。これだけの施設を維持し、他にも国内に五〇以上のセンターが活動しているということはかなりの予算規模になっているはずである。この点については公的な助成金も多少あるが、基本は会費や寄付金で、特にスロットマシン協会からの補助金が組織の活動の基盤となっていた。このような民間からの財政支援が継続的に行われている点が組織の安定化につながっていると考えられる。日本の場合、一時的に多額の助成をする財団はあるが、組織の維持に財政的責任をもつことを避ける傾向がある。一〇〇年以上の歴史に裏付けられた専門性が、この国の財産として大切にされているのであろう。ＮＰＯには部分的で一時的な役割しか果たせないと思われている日本とは随分違っていると感じた。ＮＰＯは企業の営利性に対する概念であり、行政と対等な立場で役割分担をしながらパートナーシップを築いていくためにはＮＰＯ（非営利組織）ではなくＮＧＯ（非政府組織）という概念を使う方がより適切だと感じた。少なくともフィンランド精神保健協会は自らをＮＧＯでありボランティア活動だと定義している。日本は北欧を負担が重くても安心できる生活の保障を選択した福祉モデルとして理解してきた。しかし、その前提となっている国民と行政との間の信頼関係については見落としていたのではないだろうか。社会的弱者に対するセーフティネットとなっているＮＧＯを行政が信頼し、企業が応援する姿は、成熟した市民社会として学ぶべきものが多いと感じた旅であった。

（佐々木久長）

第五章　アメリカの自殺予防対策

（1）アメリカという国の概要

アメリカ合衆国は北米大陸に位置する連邦共和国である。人口は約二億八〇〇〇万人で、日本の人口の約二倍である。首都はワシントンである。アメリカは多様な民族国家であり、白人が七一％、黒人が一二％、ヒスパニックが九％、その他にインディアン、日本人、中国人などがいる。宗教はプロテスタントが最も多いが（五八％）、その他にカトリックやユダヤ教を信仰するものもいる。アメリカは、いうまでもなく、政治・経済・文化のいずれの面でも世界をリードする大国であり、健康政策においても、いい意味でも悪い意味でもわが国はアメリカを見ながら後追いをしているような側面が強い。第一章でも述べたように、「健康日本21」という目標設定型の自殺予防対策もそもそもアメリカの政策を真似たものである。

自殺予防対策においても早い時期から数値目標を設定して自殺予防対策を進めてきた。しかし、国家レベルの自殺予防対策が本格化したのは一九九〇年代後半になってからであり、二〇〇一年になって国家自殺予防戦略の文書が公表された。アメリカの自殺率は国際的にみて高い方ではないが、人種による違いや貧富の差による自殺率の違いが問題となる。「健康国民2010」の目標値の設定の仕方をみても、人種による違いを考慮しており、多様な民族国家アメリカの現状を反映している。

アメリカは個人の自由を重んじる自由主義国家であり、貧富の差がわが国より大きいことは留意する必要がある。また、国民皆保険制度はなく、数千万にも及ぶ無保険者が存在するという特殊な医療事情を有する国である。医療へのアクセスという点ではわが国や西欧先進諸国と異なっていることに注意しなければならない。しかし、一方で、ボランティア活動や寄付の文化が根付いている国でもあり、国家レベルの自殺予防対策が構築される以前から草の根的な自殺予防対策が行われてきたという点でも注目すべき国である。

(2) アメリカの自殺の現状

アメリカでは毎年約三万一〇〇〇人が自殺でなくなり、家族や友人で自殺に付随する心的外傷に悩まされている人が約二〇万人いると推定されている。また、自殺未遂で救急医療にかかる人が約六五万人いると推定されている。国際的に見ると、アメリカは自殺低率国に入る。一九九八年における人口十万人あたりの自殺率を人種・民族、性、教育歴、年齢ごとに見たデータを表1に示した。この

表1　アメリカの自殺率のデータ。「健康国民2010」のベースラインデータから引用した。2010年の自殺減少の目標値は5.6である。（文献3より）

	自殺率（人口10万対）
1　全アメリカ人	11.3
2　人種・民族	
アメリカインディアン、アラスカ先住民	12.6
アジア系・太平洋系住民	6.6
アジア人	データなし
ハワイ先住民、その他の太平洋島嶼住民	データなし
黒人・アフリカ系アメリカ人	5.8
白人	12.2
スペイン系・ラテン系	6.3
非スペイン系・ラテン系	11.8
黒人・アフリカ系アメリカ人	6.0
白人	12.8
3　性	
女性	4.3
男性	19.2
4　教育歴（25歳から64歳）	
高校未満	17.9
高校卒業	19.2
大学以上	10.0
5　年齢（年齢補正せず）	
10～14歳	1.6
15～19歳	8.9
20～24歳	13.6

表2　思春期の高校生（9年生から12年生まで）の自殺未遂発生率（1999年）。「健康国民2010」のベースラインデータから引用。
2010年の自殺未遂発生率減少の目標値は1.0％である。（文献3より）

	自殺未遂発生率（％）
1　全体（9年生から12年生まで）	2.6
2　人種・民族	
アメリカインディアン、アラスカ先住民	データなし
アジア系・太平洋系住民	データなし
アジア人	データなし
ハワイ先住民、その他の太平洋島嶼住民	データなし
黒人・アフリカ系アメリカ人	3.1
白人	2.2
白人・ラテン系	3.0
非スペイン系・ラテン系	2.6
黒人・アフリカ系アメリカ人	2.9
白人	1.9
3　性	
女性	3.1
男性	2.1

値は「健康国民２０１０」でベースライン値として採用されたものである。全人口に対する自殺率は一一・三であったが、人種・民族別ではアメリカインディアン・アラスカ先住民や白人が、黒人に比べて高いといった傾向が認められる。性別では男性の自殺率が女性よりも高く、若者の年齢別自殺率では、二〇～二四歳の若者の自殺率が高い。表１には記載していないが、地理的分布では、東部より西部の方が高い傾向にあり、アラスカも高い地域である。自殺手段では銃器によるものが全体の五七・〇％であり、次いで縊死が一八・七％、薬物中毒が一六・八％である（一九九八年のデータ）。

表２は九年生から十二年生までの高

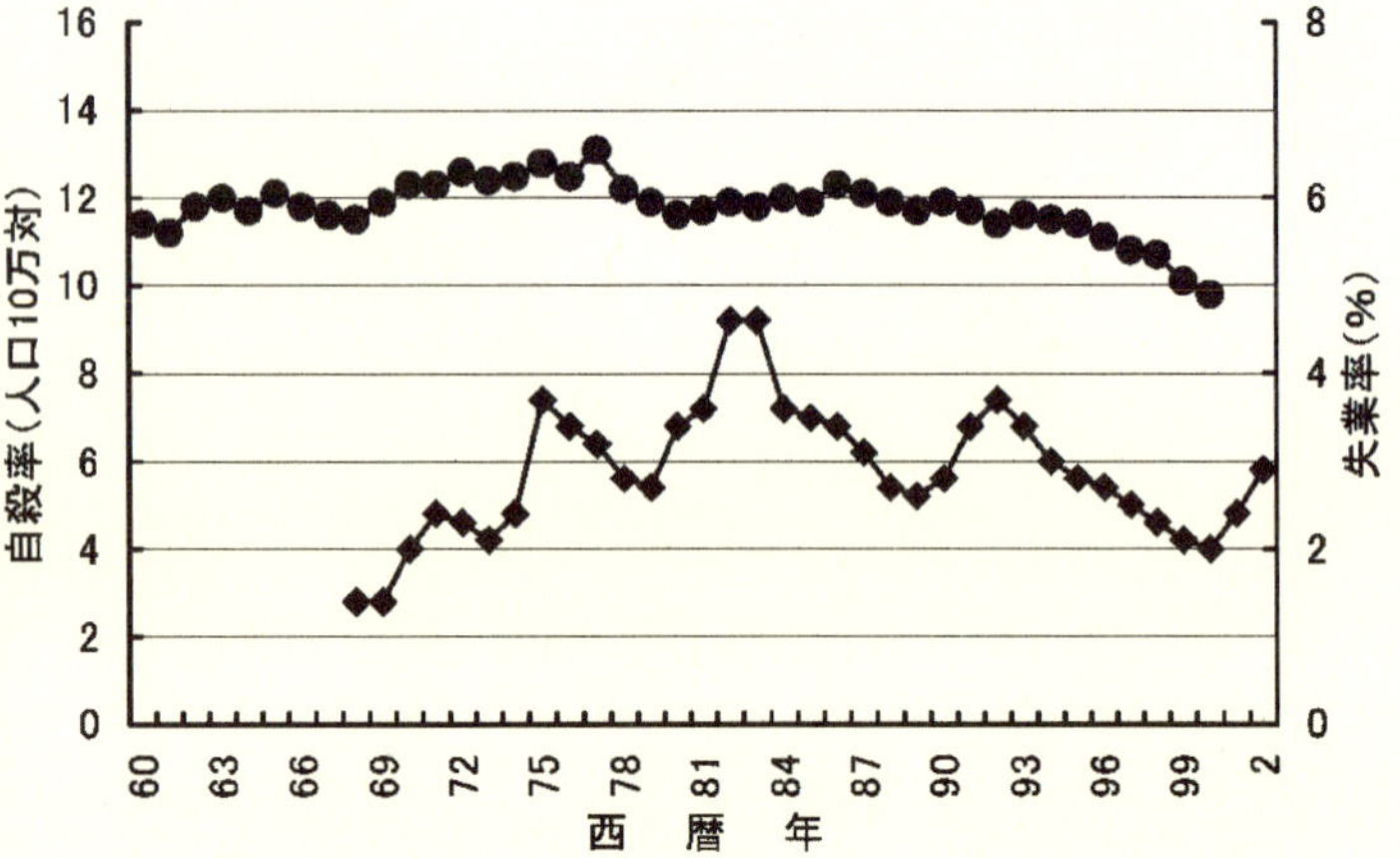

図1　アメリカの自殺率（●）と失業率（◆）の推移。自殺率に大きな変動はなく、人口10万対10〜12で推移している。1990年代においては、自殺率は減少傾向にある。

校生の一年間の自殺未遂発生率を示したものである。全生徒では二・六％の発生率であるが、スペイン系やアフリカ系アメリカ人生徒の自殺未遂発生率が高いことがわかる。

自殺死亡率と失業率の時系列データを図1に示した。一九七〇年代後半にやや高くなっているが、その後は漸減傾向にあることがわかる。

（3）アメリカの国家自殺予防戦略ができるまで

一九五八年にアメリカ公衆衛生局の財政援助をうけて、ロサンゼルスに自殺予防センターが開設されたのがアメリカの自殺予防対策の始まりといえる。

このセンターを見習って、各地に自殺予防センターができた。一九六六年には国立精神保健研究所内に自殺予防研究センターができ、研究面での拠点となった。その後自殺予防関係の学会が設立され、学術面で自殺予防研究が進んだ。一九八三年には疾病予防センターに暴力防止ユニットが作られ、若者の自殺予防に公衆衛生学的関心を向けることになり、研究面での活動が進んだ。一九九〇年代になり、「健康国民２０００」が開始され、自殺予防に関する数値目標も掲げられたが、国家として体系的に自殺予防対策を進めるということにはならなかった。自殺予防の取り組みは草の根的な活動が中心になって行われていたのである。

一九九三年にカナダのカルガリで開催された会議で国家自殺予防プログラムの必要性が議論され、一九九六年に報告書（「自殺予防：国家戦略の作成と実施のためのガイドライン」）が出された。アメリカの国家自殺予防プログラムもこの会議の結果を受けて、本格的に策定されるようになった。この点はスウェーデンの場合と同じである。アメリカでは草の根的な活動組織である「自殺予防アドボカシーネットワーク」がこの報告書をきっかけにして、国家自殺予防戦略の立ち上げを働きかけた。この自殺予防アドボカシーネットワークの新たな公民パートナーシップの形成による動きにより一九九八年にリノで会議が開催された。公民パートナーシップとは行政、ＮＰＯ、学者などが対等な立場で参加して議論を深め活動を進めていくという新たな公共政策形成のあり方である。この会議には、行政の立場からはアメリカ保健および対人サービス局に所属する部局として、疾病予防センター、国立衛生研究所、アメリカ保健医監事務局、薬物乱用・精神保健担当部、保健資源・保健サービス部、インディアン保健サービス、公衆衛生サービス地方事務局などから参加した。その他に、研究者、精神保健や薬物乱用の臨床家、政策担当者、自殺未遂者、精神保健サービス受給者、地域活動家などが参加した。リノ会議を受けて、アメリカ保健医監（The Surgeon General）は一九九九年七月に「自殺予防の行動を起こそうという呼びかけ」を発した。ここで、保健医監は自殺予防が重大な公衆衛生学的課題であることを強調した。これらの動きは「健康国民２０１０」の目標設定にもつながっていった。国家自殺予防戦略の策定にあたっては、さまざまな立場の人の意見を取り入れ、二〇〇一年に文書の形で公表された。

国家自殺予防戦略の立ち上げにあたり、行政と民間団体が連携をとり施策を進めていくという公民パートナーシップが行われ、具体的な戦略の企画につながった点は参加と連携を重視する新しい公衆衛生学の手法を導入した事例としておおいに評価できるであろう。

（4）自殺予防の行動を起こそうという保健医監の呼びかけ

すでに述べたように、国家レベルの自殺予防戦略の必要性が認識され始めたことを受けて、保健医監は自殺予防の行動を起こそうという呼びかけを行う文書を公表した。この文書のなかで、自殺予防は公衆衛生の課題であり、国家レベルの自殺予防戦略を立てることが重要であると強調されている。

また、自殺予防における公衆衛生学的アプローチの必要性についても触れられている。自殺予防に関する勧告は次の三つのカテゴリーに分けて整理され、全部で十五の重要な勧告が示されている。三つのカテゴリーとは、啓発普及（Awareness）、介入（Intervention）、方法（Methodology）である。三つのカテゴリーの頭文字を取って、ＡＩＭといわれている。

1　啓発普及／自殺とそのリスク要因に関する国民の適切な意識啓発を図ること。

2　介入の実施／集団あるいは臨床の場でサービスとプログラムを強化すること。

3　方法の開発／自殺予防に関する科学的知見を集積すること。

保健医監の呼びかけではこれら三つの自殺予防の青写真をもとに自殺予防を進めるモデルとしてリスク要因・予防要因相互影響モデルともいうべき考え方を示している。すなわち自殺行動を促進するリスク要因を減らし、自殺行動を予防する要因を強化すればよいという考え方である。両者には相互影響があり

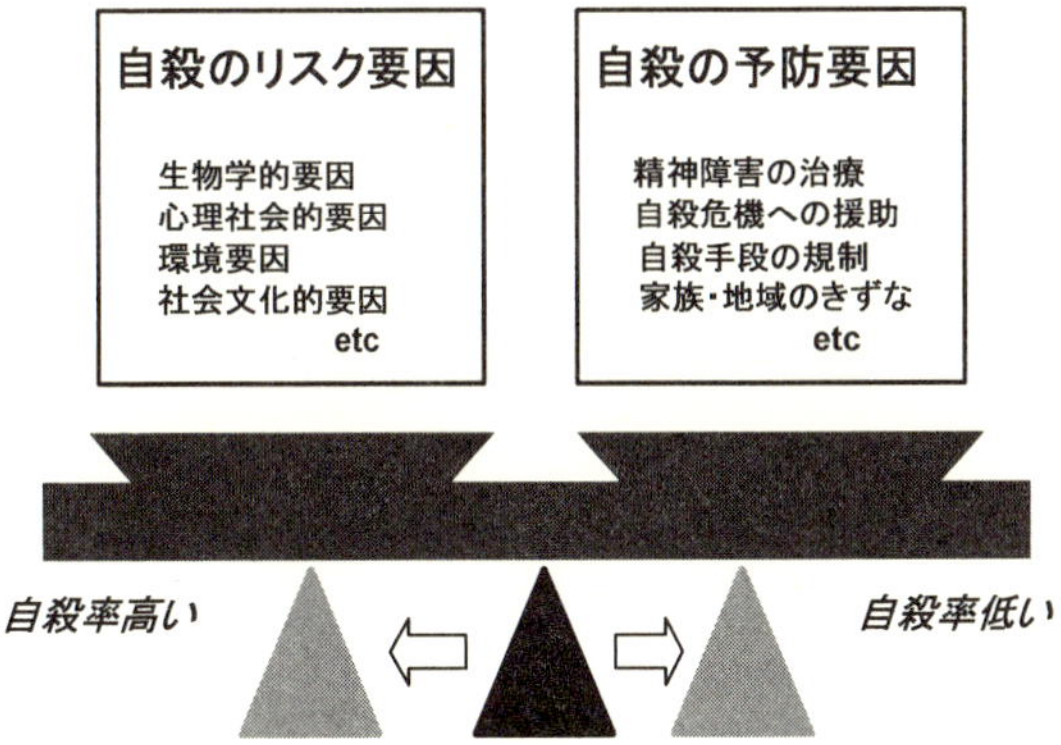

図２　アメリカの自殺予防対策のモデル。保健医監の報告をもとに著者が解釈して作図した。自殺予防を推進するためには、リスク要因を軽減させ、予防要因（保護要因）を高めればよい。このバランス図で予防要因が大きくなると、右側の予防要因が重くなり、バランスの支柱（▲）は右方向に移動することで釣り合いがとれるようになるだろう。そして、これは自殺率が低くなることを意味する。（本橋原図）

うる。リスク要因と予防要因は二〇〇一年に公表された国家自殺予防戦略でも示されている。（表4に予防要因、表5にリスク要因を示している）図2はこの考え方をわかりやすく図示したものである。自殺予防を促進するためには、リスク要因を軽減させ、予防要因（保護要因）を高めればいい。このバランス図で予防要因が大きくなると、右側の予防要因が重くなり、バランスの支柱（▲）は右方向に移動することで釣り合いが取れるようになるだろう。そして、これは自殺率が低くなることを意味する。逆に、自殺のリスク要因が高まれば、左側が重くなり、バランスの支柱（▲）は左側に移動することで釣り合いが取れるようになるだろう。これは自殺率が高くなることを意味する。

さて、保健医監の呼びかけでは公衆衛生学的アプローチの重要性が強調されているが、具体的なアプローチとして次の三つがあげられている。

1　自殺の原因と自殺を防ぐ要因を明らかにすること

2　介入方法を開発し試行すること

3　介入を実施すること

以上のアプローチを実際の地域に応用するにあたっては、自殺予防に携わるすべての個人、団体、指導者等が協力を惜しまないことが大切である、としている。

（5）「健康国民2000」と「健康国民2010」の自殺率減少の目標

第一章で述べたように、アメリカは「健康国民2000」および「健康国民2010」という目標設定型健康増進政策をいち早く取り入れて、自殺予防に関する数値目標も設定した国である。しかし、自殺予防の目標は自殺予防という独自の領域が設定されて設けられたものではなく、「精神保健・精神障害」の領域のなかの指標のひとつとして取り入れられたものである。自殺予防は確かに精神保健領域の問題ではあるが、その広がりは精神保健の領域を超えるものである。せっかく、「健康国民2000」で数値目標が設定されたにもかかわらず、これをきっかけに国として包括的なプログラムを作成するという政策的広がりをみることがなかったのはやや残念なことである。

「健康国民2000」では、自殺率減少については、一九八七年に人口一〇万対一一・七であった自殺率を一〇・五まで低下させようという目標を設定していた。もともと自殺率が低い国なので、「健康日本21」における自殺予防減少の数値目標が約三割であるのと比べれば、その目標はささやかなものといえる。数値目標は全国民のほかに、十五～十九歳の若者、二〇～三四歳の男性、六五歳以上の白人男性、アメリカインディアンとアラスカ原住民に対して、特別に設定された。「健康国民2000」では、うつ病や精神疾患に対する啓発活動、全国的な保健医療職に対する教育プログラム、自殺手段の規制、アルコール依存症対策などの施策が行われたとされている。しかし、「健康国民2000」の自己評価書を見ると、自殺率は一九九七年には目標値を達成し、自殺予防については成功

表3　アメリカの国家自殺予防戦略の11の目標　（文献1より）

1．自殺は、予防可能な公衆衛生学上の問題であるという認識を高めること
2．自殺予防に関する、幅広い支援協力体制を構築すること
3．精神保健、薬物乱用防止、自殺予防などの、精神保健サービスを受けることに伴う偏見を、減らすような戦略を立てて実行すること
4．地域に拠点を置く自殺予防プログラムを構築し、実行すること
5．自傷行為に用いられる致死的手段や方法が、手に入らないようにする努力を行うこと
6．危険な行動を発見するための訓練を行い、効果的な治療を行うこと
7．効果的な臨床的・専門的治療法を開発し実行すること
8．精神保健サービスおよび薬物乱用症者に対するサービスを、地域で受けやすくすること
9．娯楽やニュース報道において、自殺行動や精神障害や薬物乱用に関する報告や描写のあり方を改善させること
10．自殺や自殺予防に関する研究を推進し支援すること
11．自殺のサーベイランスシステムを改善し拡大すること

表4　自殺予防を促進する要因　（文献1より）

1）精神的疾患、身体的疾患、薬物乱用に関連する疾患に対して、効果的な臨床的治療を行うこと
2）臨床的介入や、助けを求める声に対する援助に容易にアクセスできるようにすること
3）非常に致死性の高い自殺手段へのアクセスの制限を行うこと
4）家族や地域への強いきずなを持つこと
5）医学ケアと精神的ケアの連携を支援すること
6）問題解決能力、心理的葛藤の解決能力、議論を暴力で解決しないようにする能力を高めること
7）自殺を遠ざけ自分の命を大切にする、文化的・宗教的信念を高めること

表5　自殺予防のリスク要因　（文献1より）

1） 生物学的心理社会的リスク要因
- 精神障害、特に気分障害、統合失調症、不安障害、ある種の人格障害
- アルコールや他の薬物乱用障害
- 希望がないこと
- 強迫的傾向、攻撃的傾向
- 心理的外傷や薬物乱用の経験
- 重大な身体疾患の存在
- 過去の自殺未遂歴
- 家族に自殺者がいること

2） 環境のリスク要因
- 失業あるいは経済的損失
- 親しい人の死や社会的な喪失
- 致死的な自殺手段に容易にアクセスできること
- 心理的に影響を受けやすい自殺の群発傾向

3） 社会文化的なリスク要因
- 社会的支援の欠如と心理的孤立感
- 助けを求める行動に関連した偏見
- 医療へのアクセスの困難、とくに精神保健や薬物乱用の治療へのアクセスの困難
- ある種の文化的・宗教的信念（例えば、自殺は個人の悩みを解決する崇高な解決方法だ、というような信念）
- 誰かが自殺で死んだと知らされること、あるいは知らされることにより影響を受けること（これにはメディアによる情報伝達も含まれる）

と評価された。草の根レベルの自殺予防活動が功を奏したのかもしれないが、一九九〇年代には経済的好況を受けて自殺率が自然に減少したとも見ることができ、対策の科学的な評価は実は難しい。

「健康国民2000」の終了後、二〇〇一年からは「健康国民2010」が新たに始動しており、自殺率の目標は人口一〇万対一一・三を五・〇に低下させるという目標を設定している。また、自殺未遂については、九年生から十二年生までの生徒の年間の自殺未遂発生率を二・六％から一％に減少させるという目標が設定されている。「健康国民2010」では致死的自殺手段へのアク

セスの減少を図ることと、薬物乱用の早期発見と治療が、自殺予防の有力な方法であるとされている。

アメリカは「健康国民2010」の目標達成に向けて、二〇〇二年には国家自殺予防戦略を公表しており、現在はこの戦略にもとづいて自殺予防対策が行われつつある。

(6) アメリカの国家自殺予防戦略の大目標

アメリカの国家自殺予防戦略の大目標は次の四つである。

1 人生のすべての時期にわたり自殺による早世を予防する
2 自殺以外の自殺関連行動の発生率を減少させる
3 自殺行動の後に周囲の人達に引き起こす悪影響を減らし、自殺による家族や友人への心的外傷の影響を減少させる
4 苦しみのあとの気持の切り替えを促し、周囲の人達の助けを受け、尊敬しあい、お互いに結びつきを強めるための機会や場を個人、家族、地域のために増やすこと

以上の大目標のもとに、国家自殺予防戦略は十一の目標(表3)と六八の小目標を設けている。

また、報告書では自殺予防を促進する要因と自殺のリスク要因を簡潔にまとめているので、表4、

表5に示した。

(7) 自殺予防の介入方法に関する考察

自殺予防の介入方法について、国家自殺予防戦略では三つのリスク要因と三つの介入対象をもとに九区分に分けている。三つのリスク要因とは生物的・心理社会的リスク要因、環境リスク要因、社会文化的リスク要因である（表6）。一方、介入対象の三区分とは、全集団への介入、リスク集団への介入、特定個人への介入である。

(8) アメリカの自殺予防対策（要約）

アメリカはヘルスプロモーションの動きをいち早く取り入れ、一九九〇年代初頭から始まった「健康国民2000」において自殺者数減少の数値目標を立てた。しかし、本格的な国家レベルの自殺予

表6　自殺予防介入方法のマトリクス（文献1より）

リスクの種類（→） 介入方策（↓）	生物的・心理社会的リスク要因	環境リスク要因	社会文化的リスク要因
全集団への介入 集団に属するすべての人への介入	プライマリケアのあらゆる場でうつ病スクリーニングを行う	武器や弾薬などの安全な保管、完全プラスチック包装の薬剤の供給	初等教育で心理的葛藤を解決する技能を教える 育児早期に親と子の関係を改善するプログラムを提供する
リスク集団への介入 自殺リスクのある特定集団への介入	プライマリーケアの場で高齢者のうつ病をスクリーニングし、治療する	刑務所や監獄で自傷の手段や方法が手に入らないようにする	アメリカ先住民のようなハイリスク集団に対し絶望的にならないようにし、予防要因を強化するプログラムを開発する
リスクの高い個人への介入 リスクがとても高い特定の個人への介入	自殺企図で運ばれた患者に対し、救急室で病状評価がなされた直後に認知行動療法を行う	自殺行動をとった患者が退院後、銃器や古い薬剤を家に置かないようにケア担当者に伝えること	死刑執行に携わる刑務官に対して精神障害や薬物依存症の治療を受ける休職の手続きを設け、偏見なく元の職場に戻れるようにする

防対策が構想されたのは一九九〇年代後半になってからである。一九九八年に開催されたリノ会議において、国家自殺予防戦略が具体化され、二〇〇一年の国家自殺予防戦略の公表につながった。同時に「健康国民２０１０」において、自殺率減少の具体的な数値目標として人口一〇万対一〇・八を六・〇に低下させるという目標を設定している。国家自殺予防戦略の立ち上げにあたり、行政と民間団体が連携をとり施策を進めていくという公民パートナーシップが行われ、具体的な戦略の企画につながった点は、参加と連携を重視する新しい公衆衛生学の手法を導入した事例として評価できる。

（本橋豊）

参考文献

1　U.S. Department of Health and Human Services. *National Strategy For Suicide Prevention:* Goals And Objectives For Action. Rockville, MD, 2001.

2　U.S. Department of Health and Human Services. *The Surgeon General's Call To Action To Prevent Suicide.* Washington DC, 1999.

3　U.S. Department of Health and Human Services. *Healthy People 2010. 2nd ed.* With Understanding and Improving Health and Objectives for Improving Health. 2 vols. Washington, DC, US.Government Printing Office, 2000.

4　http://www.mentalhealth.samhsa.gov/suicideprevention/government.asp

〈トッピクス 1〉

アメリカ空軍における自殺予防プログラムとその成果

（ノックスらの報告、*Brit. Med.J*, 327, 1376-1380, 2003）

一九九〇年から一九九五年にかけて、アメリカ空軍の軍人の自殺率が増加したことを憂慮して、アメリカ空軍では自殺予防プログラムが立てられた。コホート研究の追跡対象となった者は五二六万〇二九二人であった。自殺予防プログラムは一九九六年から始められ、その後着実な自殺率の減少が認められた。アメリカ空軍がとった具体的な自殺予防プログラムは次のようなものであった。

1　軍の上層部が積極的に関与するように研修を行う

2　職業軍人に対して教育を行い自殺に対処できるようにすること

3　指揮官に対するガイドラインの作成——精神

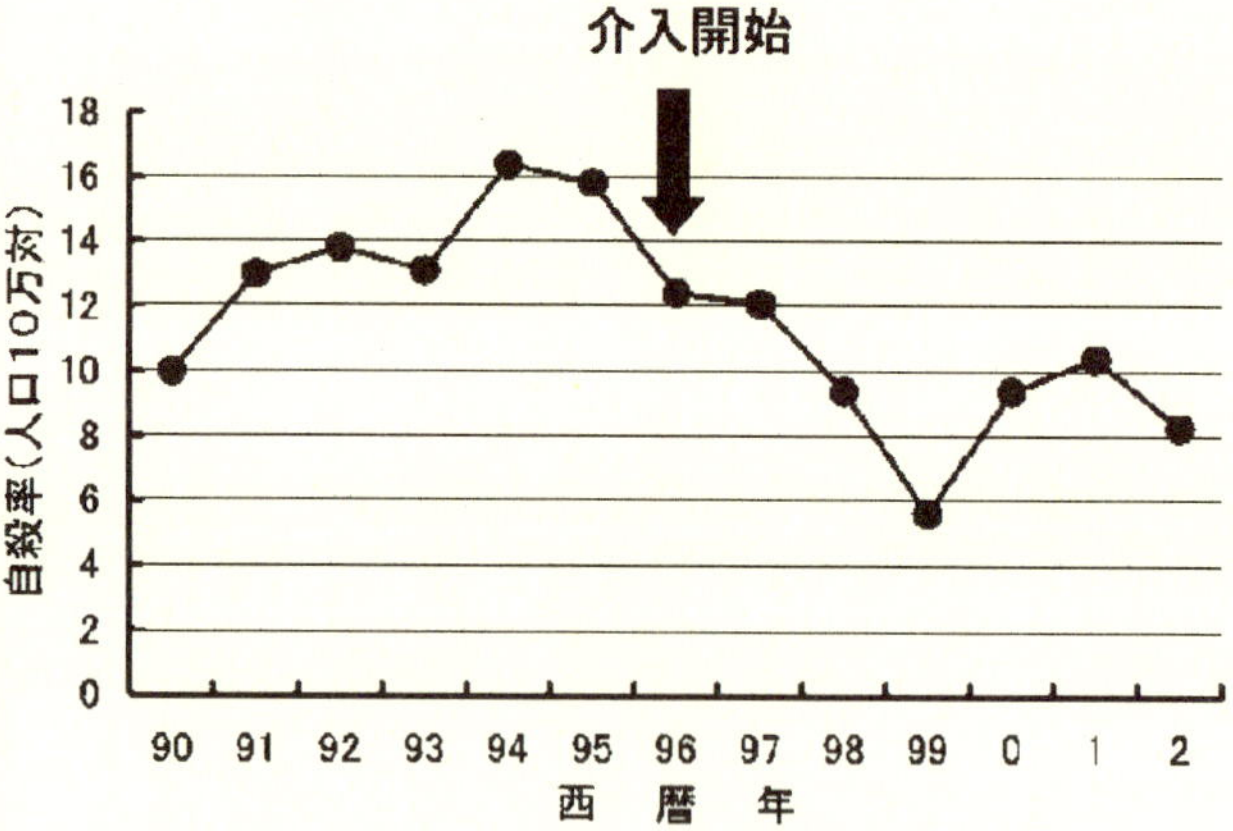

図3　アメリカ空軍における自殺率の推移。1996 年から自殺予防プログラムが開始された。プログラム開始後、自殺率の着実な減少が認められた。（原著のデータから本橋が作図）

保健サービスの使い方
4　空軍の職員全員への予防サービスの提供
5　空軍の職員全体の教育と研修
6　取り調べ中の自殺を防止する対策をとる
7　危機的な出来事に際してのストレス管理（ストレス管理チームの立ち上げ）
8　予防活動の人事情報を一元管理するシステムの確立
9　自殺リスクの高い人の個人情報を守る
10　健康調査の実施
11　自殺行動のモニタリングシステムの確立

研究開始前（一九九〇～一九九五）と研究開始後（一九九七～二〇〇二）の自殺率を比較すると、自殺率は三三％の減少を示し、他の指標（家庭内暴力、事故、殺人）では十八～五四％の減少を示した。援助を求めても良いというように規範を変えるような介入、自殺予防の研修を組み入れるという介入などの体系的な介入方策により、自殺率および暴力関連指標の減少が認められた。

（本橋豊）

〈トピックス　2〉

学校の場におけるSOS自殺予防プログラムとその成果

（アゼルティンらの報告、*Am. J Public Health*, 94,446-441,2004）

SOSプログラムとは自殺のサイン（Signs of Suicide）の頭文字をとった、自殺予防プログラムである。このプログラムは高校の生徒を対象としており、実行が容易で、費用対効果も優れている。SOSプログラムは二つの内容を含んでいる。一つは自殺と自殺関連問題についてビデオ教材を使用して、生徒に教育する内容であり、もう一つはコロンビアうつ病尺度という自記式アンケートを記入して、自分でうつ的かどうかを判定させる内容である。この二つの方策を同時に行うことで、生徒のうつ病と自殺に関する啓発普及を図ろうとするものである。

　SOSプログラムの効果を科学的に判定するために、無作為化された比較対象試験が行われた。研究は五つの高校の二一〇〇人の生徒を対象として行われ、介入群と対照群の二群に無作為に分けられた。介入群に対してはSOSプログラムが実施され、プログラム開始三カ月後にうつ病や自殺の知識、態度に関する自記式質問紙調査が行われた。

　SOSプログラムによる介入の結果、介入群では対象群と比較して、統計学的に有意な自殺未遂（自己申告）の発生率の低下が認められた（図4）。また、

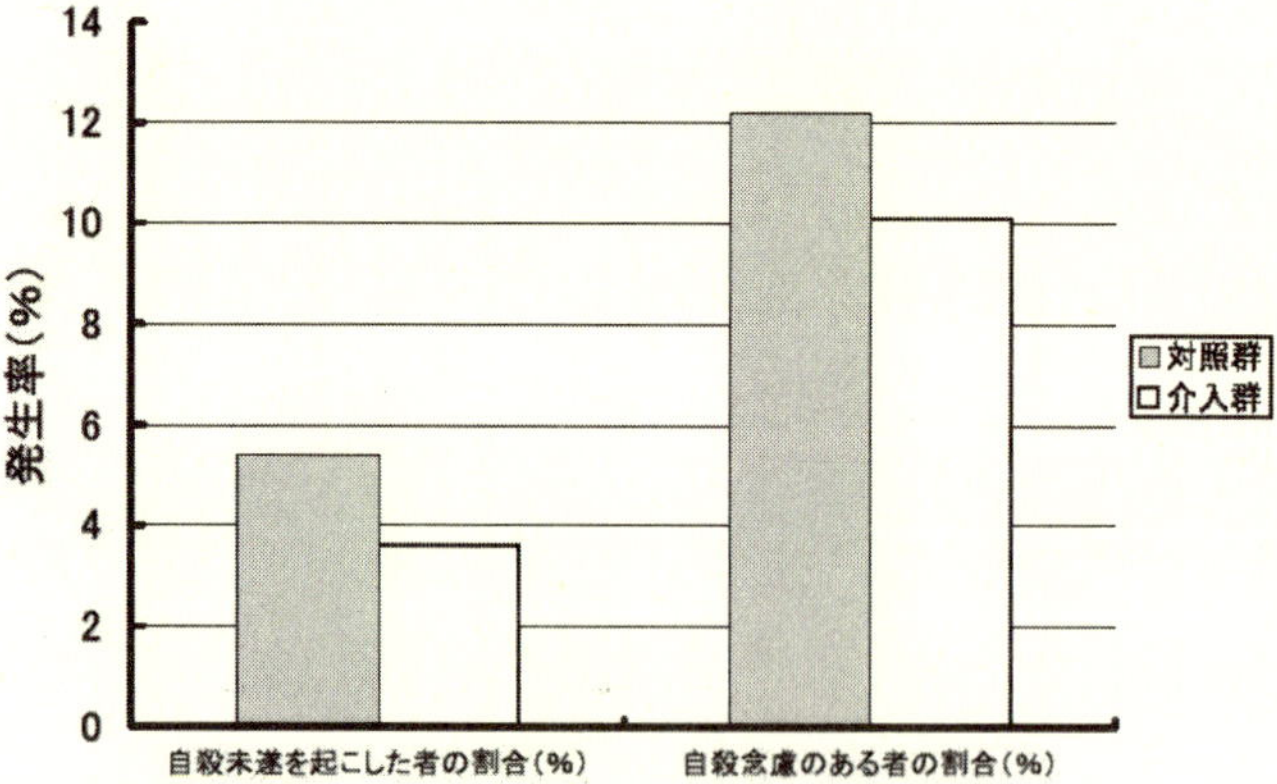

図4　SOSプログラムを実施してから3カ月後の、自殺未遂発生率と自殺念慮を有する者の割合を示す（いずれも自己申告のデータ）。SOSプログラムにより、高校生の自殺未遂発生件数が減少した。（原著のデータから本橋が作図）

自殺やうつ病に対する知識の増加、自殺やうつ病に対する適応的な態度が認められた。

（本橋豊）

第六章　国連／ＷＨＯ自殺予防ガイドラインがアメリカの自殺予防戦略に及ぼした影響

アメリカは比較的早くから、自殺予防の取り組みを始めてきた国である。一九五〇年代からエドゥイン・シュナイドマンやノーマンファーブローなどが中心となって、自殺に関する研究や自殺予防活動が積極的に実施されてきた（文献1）。シュナイドマンらが創設したロサンゼルス自殺予防センターの活動なども、世界の自殺予防活動を主導してきたといっても過言ではないだろう。

なお、アメリカ疾病対策センター（ＣＤＣ）は自殺が現在のアメリカ社会にもたらしている影響について次のようにまとめている（文献2）。

・十七分毎に自殺が一件生じている。毎日、アメリカでは八六人が自殺し、一五〇〇人が自殺未遂に及んでいる。
・自殺は全米で第八位の死因である。

・殺人二件に対して、自殺が三件生じている。
・自殺者数はエイズ（HIV）による死者の数の二倍に上る。
・一九五二年から一九九五年の期間に思春期と若年成人の自殺率は約三倍も上昇した。
・高齢者では自殺に及ぶ前の一カ月間に、その七五％が医師のもとを受診している。
・半数以上のアメリカの自殺者は二五歳から六五歳までの男性である。
・自殺未遂に及んだ人の多くは、その後、専門家による治療を受けていない。
・男性は女性に比べて自殺率が四倍も高い。
・ティーンエイジャーと若年成人の場合、がん、心臓病、エイズ、先天性疾患、脳卒中、肺炎、インフルエンザ、慢性呼吸器疾患によるすべての死亡を合計した数よりも、自殺者数のほうが多い。
・毎年三万人以上のアメリカ人が自殺している。

以上が、アメリカにおける自殺の現状の一端であるが、さまざまな団体が活発な活動を展開してきた。そのうちのひとつアメリカ自殺予防学会（AAS）は、単に臨床家や研究者だけではなく、電話相談員、教育関係者、聖職者、法律家、哲学者、そして愛する人を自殺で亡くした人びとが会員となっていて、毎年、例会を開き、意見交換を行っている。アメリカの自殺率は人口一〇万人あたり一〇前後であり、わが国の率の半分以下である。それにもかかわらず、このような活発な自殺予防活動が展開されてきた。

さて、アメリカのこういった活発な自殺予防活動の主体は草の根の運動であったというのが偽らざる事実であるのだ。国のレベルで自殺予防戦略を立てるようになったのは、実は比較的最近のことのである。そこで、本章では、アメリカが自殺予防のための国家戦略を立てるようになった背景と、それに及ぼした国連（UN）と世界保健機関（WHO）による自殺予防のためのガイドラインの影響について簡単に紹介する。

（1）国連の社会政策と自殺の問題

一九八七年に国連で社会福祉担当大臣による会議が開催され、将来の社会政策に関する原則を承認した（文献3）。そして、政府、非政府組織、大学などの要請に基づき、一九八七年に承認された原則に沿った自殺予防のためのガイドライン作りが一九九一年に始まった（文献4）。カナダのカルガリ大学は、自殺予防のための訓練をするアルバータ州モデル＊をすでに開発していたのだが、カナダ政府や州、そしてアメリカとも共同してさらに検討を重ねていった。

＊カナダでもアルバータ州は自殺率（とくに若者の自殺率）が高かったため、一九八〇年代からカルガリ大学やアルバータ州政府の主導で自殺予防プログラムが積極的に開発されてきた

カルガリ大学の報告に対して、国連は「自殺はこれまでわれわれが十分な関心を払ってこなかった

問題である」と認識した。そして、直ちに次の対策へと進んでいった。国連とカナダ政府の協力のもと、自殺予防のための国家戦略を検討する最初の専門家会議が一九九三年にカナダのカルガリで開催された。会議には十二カ国（オーストラリア、カナダ、中国、エストニア、フィンランド、ハンガリー、インド、日本、オランダ、ナイジェリア、アラブ首長国連邦、アメリカ）から十五人の専門家が招待された。さらに、国連とＷＨＯからも代表がこの会議に参加した。スウェーデンとオーストラリアのオブザーバーも加えると約二〇名の専門家が出席した。この会議の結果は、「自殺予防――国家戦略の策定と実施」としてまとめられた（文献5）。これは国連により承認され、一九九六年に小冊子としてまとめられ、各国に配布された。以下、この小冊子を国連ガイドラインと呼ぶ。

（2）国連ガイドラインとアメリカの自殺予防対策

カルガリ会議の参加者のひとりであるアメリカ疾病対策センターのロイド・ポッターは、自殺予防アドボカシーネットワークの創設者ジェリー・ワイロック*に、国連ガイドラインの草稿を見せた。国連ガイドラインを検討し、アメリカの自殺予防の専門家たちと意見交換した結果をもとに、ワイロックは一九九四年のアメリカ自殺予防学会の例会で、アメリカも国のレベルでの自殺予防戦略を立てる必要性があると述べた。ガイドラインで示されている、草の根の運動として活動している自殺予防の団体の連携、そして、これまでほとんど社会から関心を抱かれずにきた問題（たとえば、自殺の後に遺された人びとの問題）に特別な焦点を当てた国の方針を立てる必要性を説いたのだ。ワイロックは講演でアメリカ大統領アブラハム・リンカーンの次の言葉を引用している。「民衆の意見がすべてである。民衆の支持がなければ、すべてが失敗する可能性がある。それがなければ、成功は望めない。したがって、民意を形成する者は、単に政策を決定し、その決定を伝える以上のことを実施しなければならない」。

*ワイロック夫妻の娘のテリー・アンは研修医であったが、一九八七年に自ら命を絶った。夫妻はこの体験をもとに、自殺予防アドボカシーネットワークを設立し、自殺予防に関して、一般の人の啓発に関わるとともに、国の対策を立てるために、諸機関に働きかけていった。

リンカーン大統領のこの言葉を引用し、「自殺の後に遺された人びとをケアしていくには、国のレベルでの自殺予防対策が必要であることについて、一般の人びとの意見をまとめていくことが大きな力となり得る」と彼は述べた。

ワイロックは一九九五年のアメリカ自殺予防学会の例会で、一九九三年にカルガリで開催された国連／WHO会議の出席者たちと出会った。ワイロックは「母の日」に首都で「全国自殺遺族の日」の集まりを開くことを計画していた。「自殺の後に遺された人は誰もがこの集会に参加できる。そして、種はまかれ、やがてはどこかで実を結ぶはずだ」と彼は考えた。

（3）草の根の活動

同じく一九九五年に社会福祉大臣の会議がオーストリアのウィーンで開催され、自殺の後に遺された人びとに対するケアの必要性が認識された。

さて、ワイロックの呼びかけに対してアメリカの各地からも支持する声が上がった。自殺は単に死にゆく人だけの問題ではなく、遺された人びとに深刻な影響を及ぼすので、適切なケアが必要であるという主張は、多くの賛同を得た。そして、ワイロックの夢がいよいよ実現した。一九九六年の母の日に最初の「全国自殺予防デー」の開催にこぎつけた。四三州から賛意を伝える手紙が届き、全国から多くの人が首都に集まり、この集会に参加した。

（4）国の自殺予防戦略の発展

国連ガイドラインが発表される以前は、自殺予防は各国それぞれの方針に委ねられていた。このガイドラインではまず自殺予防に関して各国が以下のいくつかのグループに分けられることを示している。

①包括的な自殺予防プログラムをすでに実施しているか、計画が存在する国（たとえば、フィンランド、ノルウェー、オーストラリア、ニュージーランド、スウェーデン）

②包括的とはいえないまでも、何らかの自殺予防戦略が存在する国（アメリカ、オランダ、英国、フランス、エストニア）

③国の方針として自殺予防戦略が存在しない国（カナダ、日本*、オーストリア、ドイツ）

*国連ガイドラインが発表された一九九六年当時の実情である。現在では、日本は厚生労働省が主導して、現在、自殺予防対策を実施している。

さて、アメリカでは、一九八〇年代にブッシュ政権が自殺を重要な公衆衛生上の問題として認識し、自殺予防を疾病対策と健康増進の包括的国家戦略の一環に組み入れるべきだと考えていた。たとえば若者の自殺に関する特別委員会が国のレベルでの予防対策を勧告していたが、実際にはほとんど対策は立てられていなかった。次のクリントン政権下でも重要な進展はほとんど見られなかった。

先の分類でアメリカは第二グループとされていたが、その後、第一グループへと進んでいく上で、ハリー・リード上院議員の果たした役割は大きかった*。彼の提出した自殺予防に関する上院第八四法案が一九九七年五月六日に全員一致で採択された。自殺予防アドボカシーネットワークの会員からの二万通に及ぶ手紙が各議員に送られたことも、この法案の通過を後押しした。

*リード上院議員自身も子どもを自殺で失っている

さらに、同年、ジョン・ルイス下院議員が下院第二一二法案を提出し、その法案は一九九八年十月にやはり全員一致で採択された。両法案ともに「自殺予防のための効果的な国家戦略」を立てる必要があることを強く訴えていた。

一九九七年十一月までに自殺予防アドボカシーネットワークはアメリカ疾病対策センターと協力して、国の自殺予防戦略を立てるための委員会を開いた。そして、一九九八年十月にはネバダ州リノにおいて全国会議を開くことになった。

リノ会議は自殺予防に関する合意を得るために開催された。自殺予防の国家戦略を発展させて、研究と実践を連携させることがその主要な課題となった。

四五〇名以上にも及ぶ参加者は会議が開催された三日間のうちに国のレベルでの自殺予防戦略についての提言をまとめることを要求され、専門家のパネルに対して二九〇もの勧告を提出した。

それに基づいて専門家のパネルがこれを提言としてまとめることになった。これは当初は不可能な課題とさえ思われたのだが、カルガリでの専門家会議で重要な役割を果たしたアメリカ代表のモートン・シルバーマンやロイド・ポッターらの尽力で勧告がまとめられ、公衆衛生長官のデビッド・サッチャーに提出された。

自殺予防の国家戦略として八一項目にわたる提言がまとめられ、特に以下の点に焦点が当てられた。

・個人の尊厳を尊重する。
・自殺は単に病気の結果として生じるばかりでなく、社会状況や自殺に対する態度も、自殺の背景に存在する。
・アメリカ社会には多様な人種や価値観があるので、自殺予防のためには、社会的抑圧、人種差別、その他の差別などをなくすように努力する必要がある。
・自殺予防のためには、地域のあらゆるレベルでの協力関係を築き上げなければならない。

(5) 国連ガイドラインがアメリカ自殺予防戦略に及ぼした影響

カルガリでまとめられた国連ガイドラインが、リノ会議の成功に大きな役割を果したことは明らかである。一九九九年にサッチャー公衆衛生長官が自殺予防を実行に移すことを呼びかけた際に国連ガイドラインが、アメリカの自殺予防戦略を立てるに当たって参考になったことを認めている(文献6)。

包括的な自殺予防の国家戦略に関して、二〇〇〇年に上院の公聴会が開かれた。専門家も参考人として招聘され、国家戦略として、次のような視点が強調されるべきであるとの結論に達した(文献7)。

・州、そして地域の自殺予防対策を実行に移すために立法化を行い、枠組みを明らかに設定する。
・一般的な予防対策と、特別な対象に向けた予防対策の間にバランスをとる。
・ある種の自殺予防対策には国や文化を超えた効果があることも認識する。

二〇〇一年に実施に移すにあたって、全米四カ所で公聴会が開かれた。

(6) 成果を維持するために

一九九四年から二〇〇〇年までに、アメリカの自殺予防国家戦略がさまざまな段階を経て練り上げられていった。地域が主導して自殺予防の必要性を社会に訴えていった段階から、国のレベルで、自殺予防の諸機関が提携するように働きかけていった段階までである。国連ガイドラインでは次のような段階を踏むことを助言している。

・自殺予防のための国家戦略を実施するうえで関係機関の提携に責任を果たす役割をもつ組織を指

定する。

・国家戦略を効果的に実行するために、明確な目標をあげる。

・国家戦略を効果的に実施するために、財政的・技術的な援助を提供する。

具体的な目標として次の十一項目があげられている。

①自殺は公衆衛生上の重要な問題であり、自殺は予防可能であるという認識を高める。

②自殺予防に対する幅広い協力体制を築く。

③精神保健サービスを利用することに伴う偏見を減らすような体制を作る。

④状況に応じた自殺予防プログラムを開発し、実施に移す。

⑤自傷行為に用いられる手段を手に入りにくくする。

⑥危険な行動を発見するために訓練を実施し、効果的な治療を行う。

⑦効果的な臨床的・専門的な治療法を開発する。

⑧精神保健サービスや薬物乱用に対する治療を地域で受けやすくする。

⑨報道やエンターテイメントの分野で、自殺行動、精神障害、薬物乱用を適切な描写をするようにする。

⑩自殺の実態や自殺予防に関する研究を推進する。

⑪自殺のサーベイランスシステムを改善する。

アメリカの試みは、地域主導の自殺予防の重要な事例となってきた。しかし、今後、国主導の自殺予防対策が確実に実施されなければ、国家戦略として完全なものとはいえないだろう。州のレベルで自殺予防対策を立てようとしている動きが確実に芽生えていることは、将来に向けて楽観視できる材料といえるかもしれない。

（7）まとめ

アメリカは他の国々に比較して、自殺予防活動が比較的早くから始まっていた国である。国が動かなくても、草の根で、自分たちの力で「今、ここで」できることは何かを考えて、行動に移すというのはアメリカ人の一般的な発想といってもいいだろう。

そのようなアメリカでも、最近になって国のレベルでの自殺予防戦略が必要であると認識されるようになり、自殺予防に関連した法案が上下両院で可決されるに至った。

アメリカに対して国連／WHO自殺予防ガイドラインが及ぼした影響はけっして小さいものではな

かった。本章では最近のアメリカにおける自殺予防国家戦略の成立過程を簡単に紹介した。（高橋祥友）

参考文献

1 Shneidman, E.S.: *Suicide as Psychache.* Northvale: Aronson, 1993（高橋祥友訳『シュナイドマンの自殺学』、金剛出版、二〇〇五）

2 U.S. Department of Health and Human Services: *National strategies for suicide prevention.* Rockville, Public Health Service, 2001.

3 United Nations: *Guiding principles for developing social welfare polices and programmes in the near future.* Vienna; Centre for Social Development and Humanitarian Affairs, 1987.

4 United Nations: *Social Development News Letter,* No.27. Vienna, Centre for Social Development and Humanitarian Affairs, 1991.

5 United Nations: *Prevention of suicide, Guidelines for the formulation and implementation of national strategies.* New York: United Nations, 1996.

6 Satcher, D.: *A letter from the Surgeon General. The Surgeon General's Call to Action to Prevent Suicide.* Washington, DC, Department of Health and Human Services, U.S. Public Health Service, 1999.

7 AAS: *National suicide prevention strategy moves ahead.* NewsLink, 26(2):1, American Association of Suicidology, 2000.

第七章　英国の自殺予防対策

(1) 英国という国の概要

英国の国土はイングランドの南海岸からスコットランドの北海岸までの距離は一〇〇〇キロメートル弱、地理的にはロンドンがベルリンやバンクーバーと同じ緯度にある。年間平均気温はロンドンが九・七度C（東京十五・六度C）である。連合王国（United Kingdom）はイングランド、スコットランド、ウェールズおよび北アイルランドから構成され、その正式名称はUnited Kingdom of Great Britain and Northern Ireland（グレート・ブリテンおよび北アイルランド連合王国）である。一方、グレート・ブリテン（Great Britain）はイングランド、スコットランドおよびウェールズから構成される。総人口約六〇〇〇万人で日本の半分ほどである。二〇〇二年の平均寿命は男性七五・八歳、女性八〇・五歳（日本は各七八・四歳、八五・三歳）となっている。

英国はエリザベス二世を国家元首とする立憲君主制をとっており、また世界最古の議会制民主主義の国でもある。実質的には議会が最高の権威をもっており、この議会が立法権をもち、司法権は裁判所、行政権は政府に委ねられている。英国における政権については一九七九年のサッチャー内閣からメイジャー内閣まで保守党政権が続いた。一九九七年の総選挙で十八年ぶりに保守党から労働党へと政権が交代し、その後もブレア首相率いる労働党が三期連続で政権の座にある。

英国における医療サービスは、疾病予防やリハビリテーションも含めて、一九四八年に創設された国民保健サービス（NHS）が税財源により原則無料で提供している。外来処方薬については一処方当たり定額の自己負担、歯科治療については八割の自己負担が設けられているが、高齢者、低所得者、妊婦等は免除されている。制度創設当初は、病院は国営、医療従事者は公務員とされていたが、サッチャー政権下での改革により、現在では病院は公営企業（NHSトラスト）が運営している。国民は救急時を除き、あらかじめ登録した一般家庭医（GP）の診察を受け、必要に応じて一般家庭医の紹介により病院の専門医を受診する。このような制度下で、英国はこれまで先進国中比較的少ない医療費（二〇〇一年の国民医療費対GDP比は七・六％）で相対的に高い健康水準を維持してきた。しかし、長年にわたる病床数の削減（過去四〇年間で急性期病床は一七万七〇〇〇床から一三万六〇〇〇床に減少）等を背景に、入院や手術等の待機期間の長期化や診療内容のばらつきが問題となっている（二〇〇三年末の手術の待機者リストは、イングランドで九〇万六〇〇〇人とされる）。ブレア政権下で開設された国立臨床医療研究所（NICE）は、科学的根拠（エビデンス）に基づく診療ガイドライン作成を進めて、医療の質の向上と均てん化に努めている。民間保険や自費によるプライベート医療も行われており、それは国民医療費の一割強を占めている。

（参考ＵＲＬ）

http://www.hakusyo.mhlw.go.jp/wpdocs/hpyi200401/b0503.html

http://www.uknow.or.jp/be/s_topics/facts/index.html

（２）「より健康な国家に向けて」の取り組み

１　英国の国家的自殺予防プロジェクトの開始

二〇〇四年九月に世界保健機関（ＷＨＯ）自殺率の国際比較データを発表した。報告された九九カ国のなかで、最も自殺率が高かったのはリトアニア（一〇万人中四四・七人）、そしてロシア（同三八・七人）、ベラルーシ（同三三・二人）であり、日本は一〇位（同二四・一人）と先進国といわれる国のなかで最も悪い状態であることが明らかとなった。一方、英国は五七位（同七・五人）であり、実に日本の三分の一という水準であった。しかし現在の労働党政権のもと、英国内でも国民の自殺予防は大きな社会的関心とされており、国家的な健康増進プロジェクト「より健康な国家に向けて」では、がん、虚血性心疾患・脳卒中、事故と並んで自殺率の低下が目標に掲げられている。自殺予防に対し、トニー・ブレア首相は二〇〇二年六月、次のように述べている。

「メンタルヘルスに悩む人びとは長い間、地域で、職場で、そしてメディアのなかで烙印を押され、非難され続けてきた。彼らは必要としている助けを、必ずしも受けることができずにいた。私たちはメンタルヘルスに関するサービスの充実を、重要な優先事項に加えることに決定した。国営（医療）サービスの枠組みのなかで、標準的なサービスを提供できれば、メンタルヘルスの問題で悩む人びとに大きな助けになるだろう」

二〇〇二年、英国で最初の全国自殺防止戦略が発足した。この戦略は、白書「命を救う　より健康な国家に向けて（Our Healthier Nations：ＯＨＮ）」に示される目標の達成支援を目的としている。「メンタルヘルス・サービスのための国家的枠組み」においては、二〇一〇年までに自殺や不詳の外因死を少なくとも二〇％減らすという具体的な目標が据えられた。この目標は保健省、財務省との間で合意された公的サービス協定であり、メンタルヘルス・サービスへのアクセス改善に向けた政府の取り組み姿勢を反映している。また、政府によって据えられたこの目標は、国家標準自治体行動綱領の、二〇〇五年六月から二〇〇七年八月に向けたヘルスケア／ソーシャルケア基準並びに計画的枠組みの中にも組み込まれている。

自殺の可能性には、いくつかの要因が関わっている。その一例として、身体機能を損なわせるような疾患や苦痛を伴う疾患、精神疾患、アルコールや薬物の乱用、そして支援のレベルなどがあげられる。失業や身近な人の死や離婚などといった悲痛な体験も、自殺の要因のひとつとして考えられる。また、自殺は単独要因ではなく複数の要因が引き金となっている場合が多い。こういった点からしても、単独のアプローチのみで自殺の問題に対処することはできない。英国がヘルスケア／ソーシャルケア当局、政府部門、そしてボランティア組織や民間組織を巻き込んだ広範に及ぶ戦略的アプローチを開発したのは、そのような社会的な認識、合意によるものといえる。

この戦略は、数年間にわたって実施される一連の措置を取りまとめたものであり、自殺防止に関する新たな優先事項やエビデンスの登場とともに進化する。つまり、エビデンスの蓄積、経験、あるいは実施段階における問題点の浮上などに応じて、適宜アプローチは修正される。英国の戦略を実行する中核機関が、国立精神保健研究所である。研究所には八つのセンターが所属し、二〇〇二年度は政府や関連機関およびその他の組織との横の連携が強化された。各自治体での効果的な戦略の実行、リーダーシップの確立を目的として、「自殺防止指導者」が任命された（写真1）。

2　「より健康な国家に向けて（OHN）」の目標

「より健康な国家に向けて」の目標は、二〇一〇年までに自殺や不詳の外因による死亡率を少なくとも二〇％引き下げることである。具体的には、三年間の累計自殺率を指標として、一九九五／六／

七年では人口一〇万人あたり九・二人であった自殺者率を二〇〇九／一〇／一一年までに一〇万人あたり七・四人にまで減らすことを目指している（図1）。「より健康な国家に向けて」は次の六項目の具体的な行動目標と細目を定めている。

目標1　ハイリスク・グループへの介入

1　現在またはごく最近までメンタルヘルスに関するサービスを受けていた人達の自殺数を減少させる。

2　故意の自傷行為を起こした翌年に発生する自殺数を減少させる

3　若年男性の自殺件数を減少させる

4　受刑者による自殺件数の減少

5　自殺の危険性の高い職業（農業従事者、看護師、医師）の人の自殺件数の減少

目標2　より幅広い人びとを対象としたメンタルヘルスの増進

1　貧困層や社会的に排除された人びとのメンタルヘルスの増進

写真1　国立精神保健研究所ロンドンセンター のKeith Foster氏（2005年1月　右は筆者）

2　黒人、アジア人女性を含む人種的マイノリティグループにおけるメンタルヘルスの増進
3　アルコール中毒や薬物濫用者のメンタルヘルスの増進
4　幼少期の性的虐待を含む、虐待被害者のメンタルヘルスの増進
5　子供や若年層（十八歳以下）のメンタルヘルスの増進
6　妊娠中、または妊娠後の若い女性を対象としたメンタルヘルスの増進
7　お年寄りのメンタルヘルスの増進
8　遺族（近親者に自殺をした人間がいる）へのメンタルヘルスの増進

目標3　自殺方法・手段として用いられる物の減少
1　首吊りや絞首による自殺件数の減少
2　薬物の過剰摂取等による自殺件数の減少
3　排気ガスによる車中自殺件数の減少
4　高所からの飛び降り自殺の減少

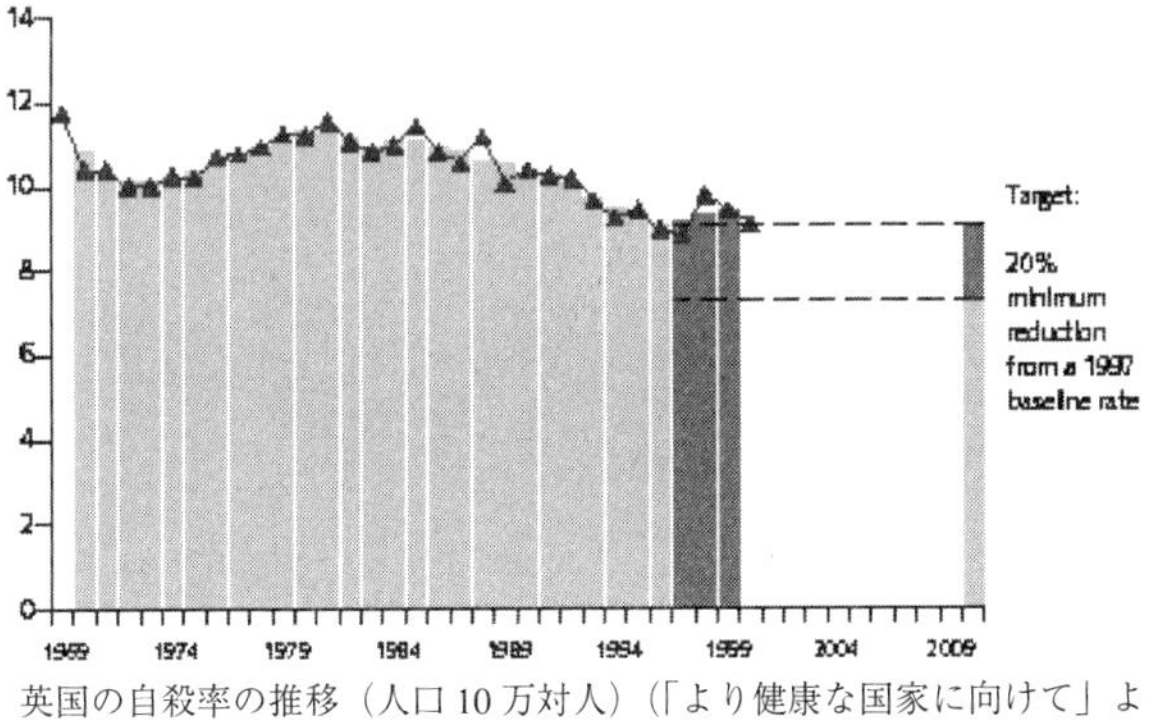

図１　英国の自殺率の推移（人口10万対人）（「より健康な国家に向けて」より）

5　小火器（銃器）を使った自殺の防止

目標4　メディアによる自殺行動のレポート内容の改良

1　メディアの自殺行動に関する信頼性のある報道を促進する

目標5　自殺と自殺防止に関する研究の促進

1　自殺防止に関する研究結果の向上

2　自殺防止に関する研究結果・エビデンスを浸透させる

目標6　命を救うための観察データ収集の向上——自殺を少なくしてより健康的な国に

1　この自殺防止対策に関連する統計値を常にモニターする

2　全国的な自殺防止策の評価

3　国立精神保健研究所を軸とした行政機関の横断的な取り組み

英国の自殺予防戦略は、既に述べたようにすべての関係者、関係行政機関・部局（健康・福祉、警察・司法、交通）、ボランティア団体、企業などのパートナーの協力体制を重視している。現在、国立精神保健研究所を軸として、下記のような連携が進められている。

1　メンタルヘルス問題を抱える人びとが経験してきた差別・偏見を払拭するために、国立精神保健研究所が主導して関係部局の協力を得、さまざまな取り組みを進めている。心の問題を抱える人びとを社会から排除せず、参加を促進させるため、国立精神保健研究所と内閣官房は共同のプログラムを運営しており、教育・技術局や就業・年金局も参加している。

2　鉄道での飛び込み自殺を減らすために、鉄道当局と輸送局の協力体制が敷かれている。

3　児童・生徒のメンタルヘルスに関する学校との協力については、各地区の教育委員会や教育・技術局がパートナーとなることが検討されている。

4　内務省とともに国立精神保健研究所は、拘留された政治的亡命者の自殺を防止するプロジェクトを検討している。

5　自殺に関する検死官業務の見なおしを進めている。

6　国立精神保健研究所は、自殺者の遺族の支援プログラムを内務省と共同開発している。このプログラムは自己や他の予期せぬ突然の死で家族を失った人びとのサポートにも連携している。

7　環境・地域局との協力では、農夫や獣医というハイリスク集団を含む地方における自殺予防対策が進められている。

8　教育機関としての大学と協力して、高等教育を受けている学生のメンタルヘルスづくりを進める活動を推進している。

9　すでに述べたように刑務所の囚人における自殺予防対策も大きな取り組みの一つである。
10　メディア・文化・スポーツと協力して、マスメディアにおける自殺報道を改善する取り組みを進めている。
11　インターネットやチャット・ルームが集団自殺の機会を提供している懸念に対しては、四つの政府部局が協力して対応を検討している。

4　二〇〇四年度までの進捗・成果

国立精神保健研究所は当戦略の実行をその中核業務に据えており、具体的イニシアチブの一環として以下のような成果があげられている。

1　若年男性を対象としたメンタルヘルス促進のためのパイロットプログラムを設立。ベッドフォードシャイア、カムデン、マンチェスターに拠点を置くこのパイロットプログラムは二〇〇四年十月に発足した。
2　北西／南東開発センター地域における一部国民保健サービス財団、並びに五刑務所におけるリスクアセスメント教育プログラムの予備的実施。
3　将来的な介入策の立案に必要な情報収集を目的に実施された、検死官主導による自殺の具体的手法の調査研究の完了。検討対象となった自殺の手法としては、縊死、拳銃、コプロキサモールなどによる服毒があげられ、いずれも自殺企図者が生存した状態で病院に運ばれているケースである。

4　英国の三つの医療施設における意図的な自傷行為に関する研究を設立。自傷行為の正確なデータ・傾向・パターンを把握し対策に資する。三施設はオックスフォード、マンチェスター、リースに位置し、研究の一環として二〇〇四年十一月より十八カ月間に及ぶ初期調査を実施。最終的には英国の複数の医療施設における自傷行為をさらに長期間に渡ってモニタリングしてゆくことを目標とする。

5　メンタルヘルス問題に対する偏見や差別を払拭するための戦略的五カ年プログラムを発足。行動計画の優先課題の一つに、メンタルヘルス問題に関するバランスのとれた正確なメディア報道の促進に向けた取り組みがある。国立精神保健研究所は、国家／地域レベルの取り組みを通じ、自殺の報道に関してジャーナリストおよび編集者らが有効な指針およびサポートを得られるよう支援する。

6　国立臨床医療研究所が、短期的心身マネジメントおよびプライマリケアおよび二次ケアにおける自傷行為の再発予防に関する診療ガイドラインを発表。

7　社会排除防止局が、メンタルヘルスと社会排除に関する報告を発表。この報告は、健康と福祉の向上、雇用と訓練の促進、家族へのサポートの強化、そしてメンタルヘルス問題を抱えた人びとの孤立の防止に向けてわれわれに何ができるのかを示している。

統計的には二〇〇〇～二〇〇二年の三カ年で自殺者数は一〇万人あたり、八・九人、最新データ（二〇〇一／二／三年の三カ年）では同八・六人となっており、一九九五／六／七年のベースラインデータと比較して自殺率が六％減少している。自殺率には年々変動があるものの、一九八〇年代以来は下降傾向が続いている。過去十年間の傾向が継続した場合には目標には到達しないが、一九九八年以降の傾向が持続すれば二〇〇九／一〇／一一年に同七・四人にまで減らすという目標が達成されると期待されている。

（3）英国サマリタン協会による自殺報道に関するメディア・ガイドライン

サマリタン協会は、一九五三年ロンドンに創設された、精神的な悩みをもつ人びとの救済を目的とする「チャリティ」（慈善団体）である。同協会は年中無休・二四時間体制で自殺の危険を抱える人びとに対し、秘密厳守で精神的サポートを提供している。訓練されたボランティアが、批判や説教を交えることなく相談者の話に耳を傾けるというシステムである。二〇〇三年は五万四〇〇〇件の相談を実施しており、そのうちわけは三万八〇〇〇件の電話相談を中心に、面談六〇〇〇件、Eメール三〇〇〇件、訪問六〇〇〇〇件等となっている（写真2）。同協会は英国に在住する外国人のための電話相談も実施しており、日本語でのサービスも提供されている。サマリタン協会の運営では専属スタッフだけではなく、多くのボランティアがリーダーシップを発揮している。財政的な基盤は個人レベルの寄付が中心であり、個人が、それぞれの共感する社会的活動を積極的に支持する文化が、社会的基盤として大きな機能を担っていることが感じられる。

写真2　ロンドンのサマリタン協会本部にて。

同協会は豊富な相談事例への対応経験から、自殺念慮のある人びとに対する、また自殺者の遺族に対するマスメディア報道の影響の強さを強く感じていた。そして自殺行動に促進的に働きかねないマスメディア報道のあり方に独自のガイドラインを提示することで大きな一石を投じた。このマスメディア・ガイドラインは、一九九四年に初版が作成されて以後、現在は第三版が公開されており、さまざまなメディアによって好意的に参照される状況に至っている。

本稿ではサマリタン協会の許可を得て、同協会が作成したマスメディア・ガイドラインを翻訳・紹介する。

英国サマリタン協会による自殺報道に関するメディア・ガイドライン

私たちは、サマリタン協会（英国版いのちの電話）と密接な連携を図ることにより、「ホリーオークス」や「ブルックサイド」などのテレビドラマで扱ってきた複雑な問題を、より適切に表現できるようになると考えていた。事実、サマリタン協会は、正確な事実関係の描写に欠かせない知見と指導を提供してくれた。サマリタン協会の助力を得て、私たちは目標を達成し、類似の経験をもつ視聴者に支援を提供することができた。

第四チャンネル、番組支援担当編集者・ケイト・ノリッシュ

1　緒言

いかなる自殺も報道に値する事件である。誰かが若くして意図的に自らの生命を絶とうと決心したという事実は、人びとの関心に値する。

英国で毎年六〇〇〇人もの人びとが自殺しているという悲しい現実がある。その多くは報道されていない。しかし、自殺のニュースが大衆に伝わらずとも、ひとりの人間の自殺はその家族や友人、そして会社の同僚にまでも重大な影響を及ぼす。

ジャーナリストにとって、自殺はひとつの難しいジレンマを孕んだ問題である。自殺は一般の人びとの関心事であることから、事実を脚色したり遺族の苦しみを逆手に取ったりせずして、自

殺の経緯を正確に報道することはレポーターの責任といえる。事実、報道を通じて自殺者の名誉が挽回されるケースがあるように、自殺の報道にはプラスの面もあるのは確かである。しかし、不適切な報道や描写によっていわゆる「後追い自殺」が誘発される可能性を示唆する研究が出てきている。

テレビドラマなどにおいても同様の問題が浮上する。登場人物の自殺もしくは自殺未遂は、現実の自殺もしくは自殺未遂の再現の試みである。つまり、テレビドラマを通じ、自殺についての理解が深まり、自殺にまつわる複雑な状況についての認識が高まるという一面がある。その一方で、人気の高い登場人物の死亡、あるいは厄介な登場人物（あるいは厄介な役者）を始末するために自殺というプロットを利用するという典型的な手法が取り返しのつかない結果を生むこともある。

サマリタン協会の元には、ニュース報道やドラマの制作において自殺の問題をどう描写すべきか苦慮するジャーナリストやブロードキャスターから数々の質問が寄せられる。追い詰められた人びとの訴えに耳を傾けるという五〇年に及ぶ経験から、私たちは自殺にまつわる数々の問題についての理解を深めてきた。また、メディアとの連携を通じ、自殺という非常に複雑な問題について多くの人びとの理解を深めてゆきたい。

このガイドラインは、一九九四年、英国初の自殺に関するガイドラインとしてスタートした。第三版が出版された現在では、あらゆるメディアがこのガイドラインを活用している。ガイドラインに掲載されている情報の大半は、英国および海外における学術的研究、さらには自殺の問題に心を動かされたサマリタン協会およびジャーナリストの経験に立脚したものである。
自殺に関連する要因はケースによってさまざまであることから、このガイドラインは全ての問題に適用可能なものではなく、メディアの行動を規制するものでもない。ジャーナリストの職業上もしくは個人的なジレンマを解消する一助としてこのガイドラインが活用されることを願うものである。

最高責任者、サイモン・アームソン

2　自殺・事実

・二〇〇〇年における英国の自殺件数：五九八六件。
・八八秒に一人という自殺の頻度。
・若年層における自殺は六九八件：毎日二人の若者が自殺している計算になる。
・一九八五年以来、若年男性における自殺件数が倍増している。

この冊子でいう「自殺」には、「不詳の外因死」も含まれる。不詳の外因死に属する死亡の多くは、実際には本人が意図的に自らの命を絶ったものである。しかし、自殺という結論を下し、それが記録に残されることによって悲しみに暮れる遺族がさらに苦しむことになることを憂慮した検死官が記録上「不詳の外因死」として処理しているケースが多い。

3　メディア神話／一般的見解についての概括

「自殺について語る人はまず自殺をすることはない」

――自殺願望について語る人びとが実際に自殺している。私たちの経験によれば、自らの命を絶とうとする人びとの多くは、自殺の数週間前に自殺の意思を明確にする傾向がある。

「本人が自殺しようとしているのだから、それを阻止するのは無理である」

――悩み苦しむ人びとに適切な支援と精神面でのサポートを提供できれば、それらの人びとが自殺によって死亡する危険性を減らすことは可能である。

「自殺願望を有する人びとは死にたいという明確な意思をもっている」

――自殺願望を有する人びとの多くに、自分が死にたいのか生きたいのか決めかねているケースが多く見受けられる。サマリタン協会に電話相談を寄せる人びとの多くは、死にたくないがこのままの状態で生きていくのはいやだ、といった主旨の発言をしている。

「自殺企図の経験のある人は、実際に自殺をすることはない」

――一度でも自殺企図の経験のある人は、そうでない人びとと比べ、再企図の確率が一〇〇倍も高い。自殺によって死亡する人びとの四人に一人は過去に自殺企図の経験のある人たちである。

「自殺について話し合うことによって、自殺が助長される」

――逆に、自分が最も恐れていること、あるいは最も悩んでいることについて考えてみることによって生きることへの道筋がつき、それが生きるか死ぬかの違いにつながることがある。

「真剣に自殺を考えるのは、精神病もしくは臨床的に抑うつ状態の人たちである」

――ほとんどの自殺者がなんらかの精神疾患を患っていたと判断されるが、より正確な自殺の予測因子としては、抑うつ的感情や絶望感などがあげられる。ただ、これらについては診断が確立されておらず、また周囲の人びとが全く気づかないケースが多い。

「愚かな行動をとった人も、救急医療室で徹底的な胃洗浄を受けてその苦しさを味わえば、二度とそんな馬鹿な真似をすることはないだろう」

――自殺リスクのある人は、次の自殺のときにはより痛みが少なく確実な手段を選ぼうとする傾向がある。自殺未遂者が本当の意味で回復するためには、親族・友人の対応が重要となってくる。いかなる場合も自殺未遂を軽視してはならない。

「いったん芽生えた自殺願望は永遠に消えることはない」

――自殺願望は一時的なものといえる。精神面のサポートを提供することにより、自殺の危機にある人びとをその危機的状態から救出することが可能となる。話し合い、耳を傾けることが、生きるか死ぬかの違いを生むことがある。

「自殺によって、本人のみならず、その周囲の人びとが苦しみから解放されることがある」

――このように自殺の影響を軽視してはならない。愛する者を失うということは悪夢の始まりであり、決して悪夢の終わりを意味するものではない。自殺には、深い喪失感と悲しみ、そして罪悪感が伴う。

4　後追い自殺とメディア報道

《ジレンマ》

報道においてもテレビドラマにおいても自殺は正当な題材であり、自殺に関する一般の人びとの認識を高める上でメディアが果たす役割は大きい。しかし、報道の仕方によっては悪影響を及ぼし得る。場合によっては、メディアがひとつの媒介となって既に弱い立場にある人びとの行動に影響を及ぼすことも考えられる。

《懸念すべき事項》

英国、米国およびその他の諸国で発表された近年の研究により、メディア報道によって後追い行動が誘発される可能性、あるいはその事実が明らかになってきている。若年層はメディアの影響を人一倍強く受ける傾向があり、自殺した有名人、あるいは魅力的な架空の人物と自分とを重ね合わせるケースなどにおいて自殺のリスクが格段に高まるようである。また、具体的な自殺手法の報道は、自殺願望のある人びとに自殺を遂行するのに必要な知識を提供するに等しいため、特に注意が必要である。

《実例》

「ある生徒の死」というドイツのテレビシリーズで、各エピソードの冒頭部分に若い男性が鉄道自殺を図る場面が流された。かくして、この連載シリーズが放送されていた期間、青年による鉄道自殺件数は一七五％もの増加を示した。その間、その他の致命的手法による自殺の件数が減少したわけではなかったため、このテレビシリーズは自殺の手法に影響を与えたばかりでなく、実質的な自殺件数までも引き上げたことになる。

英国では、自殺の手段としては珍しい不凍剤を用いた服毒自殺に関する新聞記事において、レモネードに不凍剤を混入し、液体として服用する過程が詳細に掲載された。その新聞記事が掲載される前は、不凍剤を用いた自殺件数は一カ月に二件程度に過ぎなかったが、掲載後の一カ月間では月当たり九件にまで急増した。そのうちの一件は、新聞記事に掲載された手法をそっくりそのまま真似たものであった。

「救急医療」を取上げた連載シリーズのひとつに、パラセタモールの過剰摂取を扱ったものがあった。研究によれば、そのエピソードの放送後の一週間で服毒自殺件数は一七％も増加し、二週間目では九％の増加が認められた。この番組を視聴した患者の二〇％が、この番組に触発されて自殺を決意したと述べている。

《ポジティブな実例》

ウィーンの地下鉄における自殺を調査した研究によると、こういった自殺を劇的に報道することが地下鉄における自殺件数増加を誘発していることが示唆されている。一九八六年では地下鉄での自殺が十三件報告されており、一九八七年では九カ月の間に自殺件数が九件に達している。これに対し、一九八三年から一九八四年にかけて地下鉄で発生した自殺件数はわずか九件を数えるのみである。これを受けて地元のメディアは、自殺に関し劇的かつ扇情的な報道を制限する任意の報告ガイドラインに合意した。このガイドラインの発表後、地下鉄での自殺件数（一九八九年に四件、一九九〇年に三件）および自殺未遂件数にはともに減少が確認された。

歌手カート・コベインの自殺を受けて実施された研究では、カートの死後、カートの出身地であるシアトルにおける自殺件数に特に増加は認められなかった。これは、報道においてコベインの類稀なる業績と、無為な死に方とが明確に区別されていたことによると考えられている。また、同じ報道のなかで自殺のリスク要因を議論し、自殺願望をもつ人びとに対して相談窓口を提示したこともまた、自殺件数の増加を防いだ要因のひとつであると考えられる。

《結論》

既存のエビデンスからも、報道の仕方によっては後追い行為が誘発されかねないことは明確である。その一方で、自殺の問題について慎重かつ明白な説明を提供することにより、自殺問題に関する一般認識を高め、自殺問題に対する偏見を払拭し得ることも確かである。

その他のメンタルヘルス問題の報道と同様、メディアが自殺を真剣に報じること自体に問題があるのではない。ただ、自殺について報道する際は、細心の注意が必要であることを忘れてはならない。

5　メディアに何ができるか

正確な情報に立脚した慎重な報道は、センセーショナルな報道とは全く意を異にするものである。大切なのは、一般の人びとに自殺に関する情報を提供し、自殺についての認識を高めてゆくことである。

その報道を読み、聞き、そして見たときに偶然自殺の危機にあるかもしれない読者／視聴者が、その報道にどう反応するかを考えてみることが重要である。この報道によってそういった人びとが自殺をする危険性を高めてしまうだろうか、それとも、なんらかの助けを求めようとする可能性を高めるのだろうか。

6　推奨する使用用語

次のような用語を使用すべきである

・自殺
・自殺による死亡
・自殺未遂

・自殺既遂
・自殺の危険性がある人物
・自殺防止支援

自殺が複雑な問題であるという一般認識を高める。たとえそれがどんなに苦痛を伴うものであったとしても、たった一つの事件がきっかけで自殺を決心する人はいない。また、社会状況のみを取上げて自殺について語ることもできない。一人の人間が自殺を決心するに至るまでにはさまざまな要因が関係している。そのため、「深刻な個人的問題が原因で自殺せざるを得なかった」といった主旨の描写をするべきではない。

専門家の意見を請う。サマリタン協会の報道局（The Samaritans' Press Office）は、自殺に詳しい著名な専門家を紹介し、また過去の事例にもとづいて自殺をどう描写すべきかについてのアドバイスを提供している。

自殺に関する根拠のない通念を払拭する。こういった通念の正当性に疑問を投じることも、自殺に関する一般認識を高めるためのひとつの機会として捉えられる。

自殺のリスク要因を積極的に提示する。

自殺に寄与する要因を医療専門家が検討を進めることを奨励する。

報道のタイミングを検討する。同時期に複数の人びとが自殺で死亡した、というニュースは話題性や報道価値が高くなる。しかし「そのわずか数日後に新たな自殺者が……」という主旨の報道は、複数の自殺事件の関連性を示唆するものであることから、特に注意が必要である。実際、自殺は一日当たり一七件の頻度で発生しており、そのほとんどが報道されていないのである。

追加的な情報源や相談窓口を具体的に提示する。記事もしくは番組の最後で適切な相談窓口を紹介することにより、自殺願望を抱えているかもしれない人びとに対し、手を差し伸べてくれる人びとの存在、そしてプラスの選択をする余地があることを示す。

自殺に関する報道が、自殺未遂者や自殺者の遺族に及ぼすインパクトを考える。自殺未遂者に対するサポートとしてはサマリタン協会についての情報を、そして自殺者の遺族に対するサポートとしては「情愛ある友人（The Compassionate Friends）」もしくは「クルーズ（Cruse）」についての情報を提供するとよいだろう。

自分自身のケアも忘れないこと。自殺の報道は、報道する側にとっても非常に大きな精神的負担を伴うものである。経験を積んだニュースレポーターでも、取り扱った題材と自らの経験との間になんらかの接点が見出されてしまうような場合は特に注意が必要である。そんな場合は、同僚や友人や家族、もしくはサマリタン協会に自らの心境を打ち明けてみるとよい。

7　注意を要する使用用語

次のような用語の使用は控えるべきである

・自殺の成功
・自殺の失敗
・自殺の罪を犯す（"commit suicide"）（自殺は一九六一年に犯罪の枠から外されたため commit（罪を犯す）という用語の使用は控えるべきであり、自らの命を絶つ（take one's life）もしくは自殺による死亡（die by suicide）という表現が勧められる）
・自殺犠牲者
・狂言自殺
・自殺に走りやすい人
・自殺の流行を阻止

自殺を簡単な説明で片付けてはならない。自殺に至った経緯は一見明白かもしれないが、たったひとつの要因や事件が原因で自殺という結果が引き起こされることは絶対にない。一時の情動やひとつの劇的な事件を根拠に自殺を語ろうとする報道には問題がある。ニュース特集などを通じ、自殺が起こった背景事由の詳細なる分析を提供するとよい。

自殺の現実を軽んじてはならない。自殺未遂者が即座に健康を回復したような印象を与える報道や、パラセタモールの過剰摂取は「肝機能が徐々に失われて死に至る」というかなりの苦痛が伴う自殺手法であるという現実を曖昧にした報道は危険である。

報道においては、自殺の具体的手法を明示することは控えること。ある人物が一酸化炭素中毒で死亡したという報道そのものには危険性がなくても、自殺の実行手順や仕組みに関する詳細な報道は、自殺の危険性をもつ人びとによる後追い行為を誘発しかねない。過剰摂取された錠剤の種類と数を明記する際は特に注意が必要である。

自殺を美化したり空想的に描写したりしない。コミュニティ全体が悲しみに暮れる様子に焦点を当てたような報道は、そのコミュニティが死者の死を悼むというよりは、自殺行為に敬意を表しているような印象を与えかねない。

自殺によってもたらされるプラスの効果を必要以上に強調しない。自殺によって人びとに後悔の念を呼び起こさせることができる、あるいは自殺することによって褒めてもらえる、といったような、自殺がなんらかの成果をもたらすような印象を与える報道は危険である。たとえば、子供の自殺や自殺未遂が結果として別居夫婦の和解につながった、あるいは学校のいじめっ子らが公然と非難される結果となった、という主旨の大衆ドラマや新聞記事は、似たような状況の子供たちに対し、自殺がひとつの魅力的な選択肢であるという印象を与えかねない。

8 事実の報告に関するガイドライン

上述の一般ガイドラインに加え、自殺の事実を報道するジャーナリストが検討すべき特別な事項がいくつかある。

《ニュース報道》

自殺の報道や特集には、慎重かつ細心の注意が必要である。報道においては自殺の具体的手法(服用された錠剤の数等)に言及することは控えるべきであり、自殺と関連性のある劇的な写真や映像の使用は可能な限り回避すべきである。自殺の経緯を確認もしくは再現する場合は、実際に自殺に用いられた手法の具体的描写は回避し、ロングショットや画面の転換などといった手法を使用するのが望ましい。

《相談窓口を通じたサポート》
ある特定の番組や記事が視聴者や読者に多大な影響を及ぼすことは少なくない。そのため、相談窓口あるいはその他の形式のサポートの提供が望まれる。（サマリタン協会の連絡先は08457 90 90 90）

《プラスの効果》
自殺や自殺に関わる問題を強調する上でプラスに働いた番組や記事が存在することを忘れてはならない。

9　自殺についてのテレビドラマの描写

《登場人物》
自殺行為に影響を及ぼす重要な要因のひとつとしてあげられるのが、登場人物の選び方である。その登場人物に視聴者が自らを重ねてしまったような場合、後追い行為が誘発される可能性が高まる。　その登場人物が若くて思いやりのある人物であった場合は特にこの傾向が強くなる。自殺のリスクは若年層ほど高く、メディアの影響力も若年層において最も強いと考えられている。

《死ぬ方法》

服毒や飛び降り自殺などのような単純な自殺方法は、模倣も容易である。介入が困難な自殺手法やその具体的手順（排気管にホースを挿入する、など）についての描写は回避すべきである。自殺手段についての具体的説明は内容の如何を問わず危険である。

《フォローアップ》

登場人物の自殺もしくは自殺未遂の後、本人および周囲の人びとにどういった変化が起こるだろう。自殺を図った登場人物が美化されるような内容、あるいは自殺／自殺未遂によって困難な状況が解決方向に向かうことを示唆するような内容は特に危険である（「こんなことになってしまい、みんなが後悔している」など）。自殺を取り巻くさまざまな感情がくまなく取上げられ、その他の登場人物の声に耳が傾けられているだろうか。

《放送時間》

放送時間や放送日を考える必要がある。クリスマスやバレンタインデーは、自殺の話題に特に敏感になりがちである。また、放送時間に相談窓口やサポートが提供されているかどうかも検討する必要がある。自殺リスクを抱える人にとって、祭日や週末や深夜は相談相手のいない時間帯である可能性が高い。

《相談窓口を通じたサポート》

相談窓口についての情報を提供する告示の掲載を検討する。サマリタン協会は二四時間相談を受け付けている：電話番号　08457 90 90 90

10　何をすべきか、そしてサポートの存在

自殺の危険を抱えていても、感じ方や反応の仕方は、人それぞれである。そのため、ある人物が落ち込んでいるかどうか、あるいは自殺を考えているかどうかを判断するのは非常に難しい。しかし、前述の通り、自殺の危険性を示唆する要因がいくつか存在することも確かである。自殺の心配のある人がいる場合は、専門家や知人に相談するよう本人を説得し、あるいは友人、隣人、家族、教師、一般医、医師、サマリタン協会など、話を聞いてくれそうな、信頼の置ける人物に自分の気持ちを打ち明けてみるよう、説得してみるとよい。力になれる人が存在するはずである。

《サマリタン協会》

サマリタン協会は年中無休・二四時間体制で自殺の危険を抱える人びとに対し、秘密厳守で精神的サポートを提供している。訓練されたボランティアが、批判や説教を交えることなく相談者の話に耳を傾けるというシステムである。二〇〇〇年、サマリタン協会は四八〇万件の相談を受けており、これは毎秒七件の相談があったことを意味する。

サマリタン協会（08457 90 90 90）へは英国国内どこからでも市内通話の料金でコンタクトできる。アイルランド共和国での番号は1850 60 90 90である。サマリタン協会の支部を直接訪問することも可能である（サマリタン協会の支部の住所と電話番号は地方の電話帳に掲載されている）。Eメールでの相談はjo@samaritans.orgで、書面での相談はサマリタン協会　PO Box 90 90, Stirling, **FK8 2SA**で受け付けている。

《その他の相談窓口》

サマリタン協会 総合事務局（020 8394 8300）は、その他の相談窓口についての情報も提供している。

《自分自身のケア》

自殺願望をもつ人にサポートを提供する人たちは、自分自身のケアも欠かしてはならない。

11　報道内容

ドラマなどでは、自殺の手法に必要以上に固執することは避けるべきである。また、自殺行為を見世物にしたり美化したりするようなドラマや、自殺によってもたらされる正の効果を過剰に強調するようなドラマについては、編集にあたって細心の注意が必要である。ニュース報道においては自殺は正当な題材であるとはいえ、事実を詳細に報告することが自殺を助長する結果となる場合もある。自殺を美化したり、簡単な説明で片付けたり、遺族の悲しみを逆手に取ったりするような報道は控えるべきである。また特別な事情がない限りは、自殺手法の詳細な説明や図解による例示は回避すべきである。特殊な手法で自殺が図られている場合にはとりわけ注意が必要である。

《BBCプロデューサーのためのガイドライン》

第四チャンネルにおける番組支援は、常にサマリタン協会との協力関係を重視してきた。自殺の危機にある視聴者らに最良のサポートを提供するという第四チャンネルの任務を全うすることができたのは、「ブルックサイド」や「特派」などの多岐に渡る番組制作においてサマリタン協会の専門知識を得ることができた賜物である。

第四チャンネル・番組支援担当編集者、ケイト・ノリッシュ

これはすばらしいガイドラインである。メディアとしての責任が果たせているかどうかのチェック機能を

果たしながらも、メディアの独創性を損なうことなく、また「視聴者の自分で考える力」を過小評価していない。

「イーストエンダーズ」エグゼクティブプロデューサー、ジョン・ヨーク

サマリタン協会のマスメディア・ガイドラインは世界的にも大変ユニークな試みであり、今後、わが国における自殺予防対策を進める際にも大いに参考となるものである。日本のマスメディアにとっても、事件性・ニュース性に偏った自殺報道のあり方を見直す手がかりともなり得るであろう。国内のマスメディア関係者には、このような取り組みの意義、そして海外の同業者が、その社会的責務に応えようとしていることを知ってほしいと願うものである。

以上、英国の国家的自殺予防戦略と民間団体によるマスメディア・ガイドラインの取り組みを紹介した。自殺予防に関心のあるさまざまな立場の方々の今後の活動の参考になることを願い、本稿を終えたい。

（4）まとめ

二〇〇四年九月に世界保健機関（ＷＨＯ）が発表した自殺率に関する国際比較データで日本は一〇位（一〇万人あたり二四・一人）と先進国のなかで最悪のレベルであった。一方の英国は五七位（同七・五人）であり、ほぼ日本の三分の一という水準である。しかし労働党政権下、英国内でも自殺予防は大きな社会的関心であり、国家的な健康増進プロジェクト「より健康な国家に向けて」では、がん、虚血性心疾患・脳卒中、事故と並んで自殺が重点領域にあげられ、二〇一〇年までに各年齢層で二〇％以上の死亡率減少を達成することが目標に掲げられた。このような政府決定を受けて国立精神衛生研究所が軸となり、二〇〇二年から英国初の国家的自殺予防戦略が開始された。

英国における自殺対策において重要な役割を担っているのがサマリタン協会である。五〇年の歴史をもつ同協会は、電話相談を中心にうつや自殺念慮をもつ人びとの支援を続けている。さらにマスメディアの自殺報道の影響にいち早く注目しユニークなガイドラインを作成している。本章では英国の自殺予防に対する国家戦略とサマリタン協会の活動、特にマスメディアガイドラインを紹介した。

（中山健夫）

参考文献

1　本橋豊編『心といのちの処方箋』秋田大学自殺予防研究プロジェクト、秋田魁新報社事業局出版部、二〇〇五
2　Nakayama T. Suicide prevention measures in the United Kingdom. *Akita Journal of Public Health.* 2005; 2: 91
3　中山健夫訳「英国サマリタン協会による自殺報道に関するメディア・ガイドライン」、*Akita Journal of Public Health* 2005;2(special issue):116-24.

第八章　中国の自殺予防対策

(1) 中国という国の概要

中華人民共和国(中国)は九六〇万平方キロと日本の約二六倍の面積をもち、人口は約一三億人(二〇〇五年)という大国である。人種は総人口の九二%が漢民族であり、これ以外に五五の少数民族からなっている。宗教は仏教・イスラム教・キリスト教など多様である。中国の行政区分は、二三の省(台湾省も含む)、五つの自治区、四つの直轄市(北京、上海、重慶、天津)、二つの特別行政区(香港、マカオ)にわけられている。

一九一一年の辛亥革命を契機として翌一九一二年に中国最後の王朝である清朝が滅び、中華民国が成立した。その後、一九三〇年代から日本が侵攻した第二次世界大戦、さらに戦後に断続的に行われていた内戦に中国共産党が勝利をおさめ、一九四九年に中華人民共和国を樹立、翌年までに台湾を除いて中華民国の統治していた国土を制圧した。中華人民共和国は当初、毛沢東の指導の下、社会主義にもとづく大躍進政策を方針とし、土地改革、農業の集団化と産業の国有化を進め、人民公社を設置して農業生産の向上をはかり、重工業中心の工業生産につとめた。しかし大躍進政策はうまく進まず、毛沢東は国家主席を辞任した。この毛沢東と当時の実権派との対立は文化大革命（一九六六）に発展し、中国国内は十年にわたる内乱状態となった。文化大革命は毛沢東の死とともに終結した。その後中国は、政治体制は共産党一党独裁を堅持しつつも、市場経済導入などの経済開放政策をとり、中国の近代化を進めている。また人口爆発の抑制のために一九七九年以後ひとりっ子政策を実施し、一夫婦で一人だけ子どもを産むことを認めている。

経済開放政策によって中国では「世界の工場」と呼ばれるほどに経済が成長した。特に二〇〇一年の世界貿易機関（ＷＴＯ）加盟後の発展は著しい。二〇〇四年の中国の国内総生産額（名目額）は、約一三兆六五一五億元、実質成長率九五％の高成長を達成している。一方、急激な経済成長とともに、都市と農村の経済格差の拡大、エネルギー問題、環境汚染等の多くの課題も抱えている。中国における自殺予防対策の情報を収集するための研究チームの一員として二〇〇四年の年末に筆者らが北京市を訪問した折りにも、近代的なビルが建ち並び、北京オリンピックを控えてさらに建築ラッシュが続き、さらに中国全土からの観光客を集め、北京市は活気に満ちていた。しかし一方で路地にはものごいや浮浪者が目立つなど、貧富の差も感じられた。

一方、中国政府は共産党の一党体制を維持する上で脅威となる動きや、中国の分裂を促すような動きに対しては厳格に対応するとの姿勢を貫いており、この方針は一九八九年の天安門事件や二〇〇五年の反国家分裂法成立などに現れている。またインターネットを含めて報道の監視と規制を行っている。例えば、自殺を奨励するような国内サイトについて報告があれば、政府はサイトを即時閉鎖することが可能である。

わが国とは、一九七二年の日中共同宣言により国交の正常化がなされた。今日では日中ともお互いの関係を重要な二国間関係と位置づけ、二国間・多国間対話および協力関係の推進、経済協力などを推進している。過去幾度も首相が訪中し、第二次世界大戦に対する謝罪も行っている。経済面では、日本と中国は、どちらにとっても最大の貿易相手国であり、経済面での交流はきわめて活発である。多くの日本企業が中国に生産工場を建設している。しかし小泉首相の靖国参拝問題、尖閣諸島の領有権問題、東シナ海の油ガス田の採掘権問題、二〇〇五年の反日デモなど解決すべき課題も山積している。

こうした中国での自殺予防活動はどう進められているのだろうか。ここでは、二〇〇一年に開設された北京自殺研究・予防センターの活動と、二〇〇三年に策定された中国の自殺予防国家戦略を中心に、中国の自殺予防の現状を紹介する。

（2）中国の自殺の現状

1　中国の自殺の現状

自殺は中国では、心疾患、気管支炎・慢性肺気腫、肝臓がん、肺炎に続き第5位の死因である。日本と異なり、中国全土の自殺の統計は整備されていない。統計が入手できた都市および地方での一九九九年の自殺率（一〇万人あたり）は男性一三・〇、女性一四・八、同様に香港で男性一六・七、女性九・八である。わが国の同時期（二〇〇〇年）の自殺率（男性三五・二、女性一三・四）よりも低いが、世界的には自殺率の比較的高い国に分類される。

多くの国では男性の自殺率が女性よりも高いが、中国では女性の方が男性よりも自殺率が高いことが特徴である。また都市部にくらべて農村部で自殺率が高いことも特徴である。「自殺予防のための国家戦略のためのワークショップ」報告（二〇〇三年十一月）によれば、一九九四年の中国全土の自殺者推計数

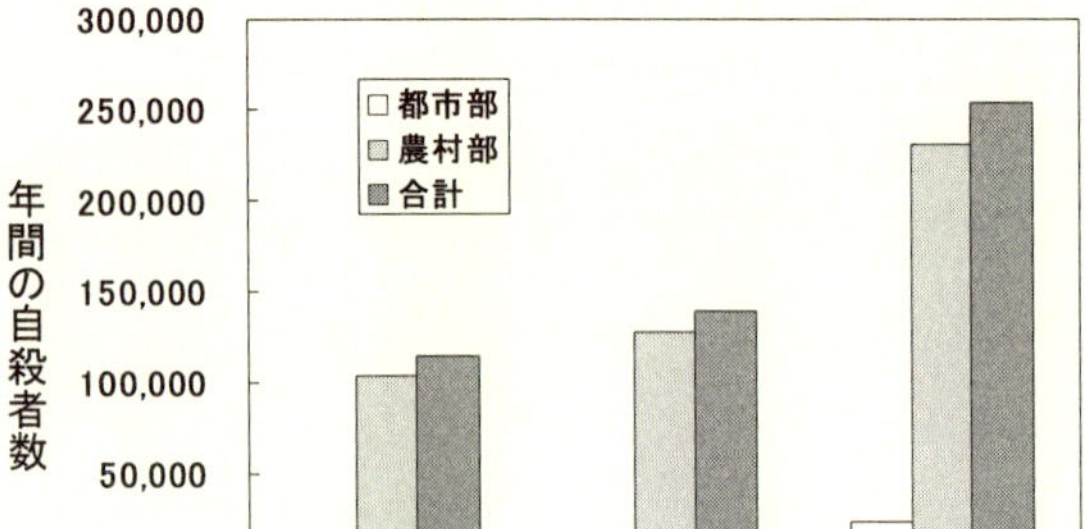

図1　1994年の中国全土の自殺者推計数。
「自殺予防のためのワークショップ」報告〔2003年11月〕から

は年間二五万人であり、うち農村部の自殺が九割を占めているとされる（図1）。性別、地域別の自殺率を詳細に分析してみると、特に農村居住の若年（十五～三〇歳）女性における自殺率が高いことがわかる（図2）（文献1）。高齢者では男女とも同様に自殺率が増加し、これは他の多くの国と一致した傾向である。

中国の農村部の若年女性でなぜ自殺率が高いのだろうか。まず、農村部では致死率の高い農薬・殺鼠剤などが容易に入手しやすいこと、また医療機関から離れていることが多いため自殺企図者に対する医療が提供されにくいことが原因と考えられている。一方、自殺未遂をした三五歳未満の農村部居住女性に対する聞き取り調査（文献2）では、自殺未遂の前にあった出来事として、不幸な結婚、経済的問題、配偶者からの殴打、姑との葛藤、その他の家族の問題が多くあげられていた。また自殺未遂した本人もその家族も約六割が家族内の葛藤が自殺未遂の原因と回答していた。こうしたデータを見ると、地方の若年既婚女性のおかれた家族・社会環境も自殺率を増加させている要

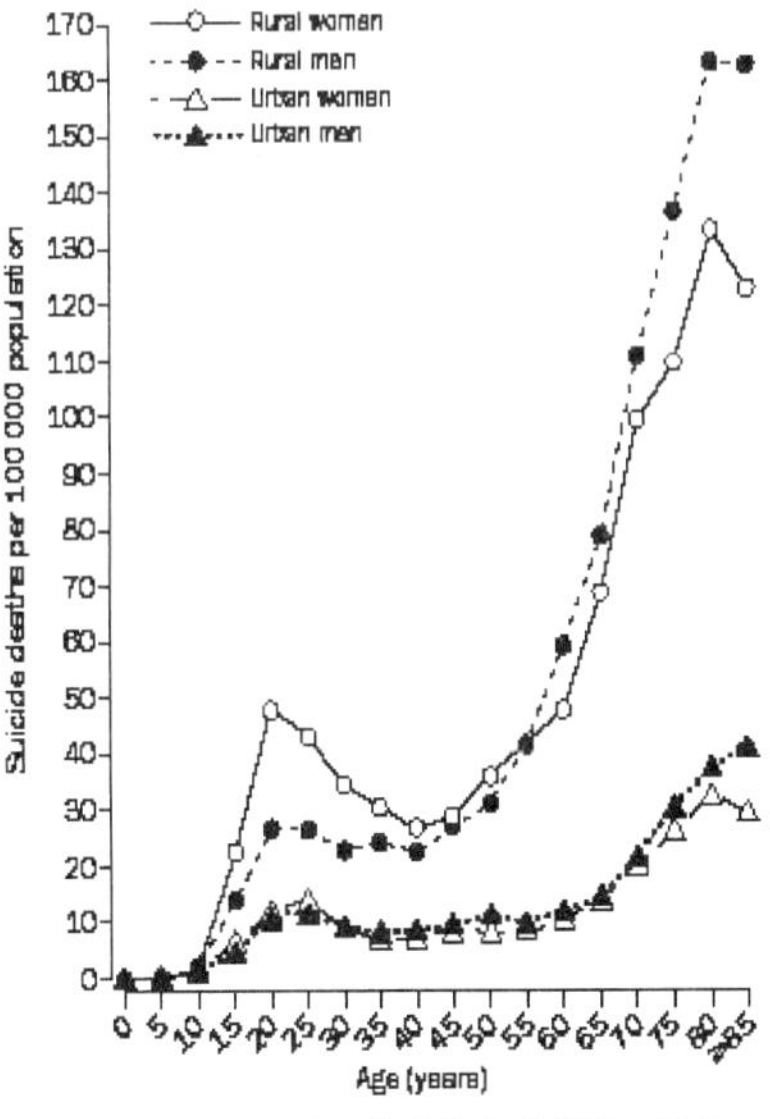

図2　1995—1999年の都市部と農村部の男女の年齢別自殺率：農村部において若年女性の自殺率が高いことが特徴

因の一つと考えられる。中国は都市部でこそ男女平等であるが、地方では女性は夫と義父母のなかで地位が低く、また農村では過重な労働に従事していることが多い。中国農村部の若年女性の自殺率の高さには、こうした社会的環境、農薬という致死性の高い自殺手段へのアクセスの容易さ、医療機関へのアクセスの悪さが複合的に関与していると推測される。

一方、中国でも自殺に関する偏見や無理解はまだ多い。自殺のイメージとしては、「恥ずかしい行為」、「『自殺する』は女性の常套句」などと考える者が多いことが知られている。

(3) 中国の自殺予防対策

1 北京自殺研究・予防センターの活動

a 概要

北京自殺研究・予防センター (Beijing Suicide Research & Prevention Center 北京心理危机研究与干预中心) は、北京市郊外の北京回老観医院という大規模な精神病院の敷地内にある。北京自殺研究・予防センターは、北京市によって二〇〇一年に設立された。すでに述べたように、中国でも自殺に対しては無理解や偏見がまだ多く、このため北京自殺研究・予防センターの中国語による名称では「自殺」という言葉を使わず、「心理危機」としている。その前身である臨床疫学センターは一九九五年から自殺の疫学、全国規模の心理学的剖検による患者・対象研究、うつ病のスクリーニング調査票の開発など自殺予防のための研究を実施していた。一九九九年に中国における自殺データが公表された際、関心をもった北京市からの予算でセンターが整備された。二〇〇三年からは幅広い自殺予防サービスを中国全土に提供している。これらには二四時間危機ホットライン、ホームページでの情報提供と電子メールカウンセリング、外来および入院治療、総合病院救命救急センターへの助言・支援などがある。

写真1　北京自殺研究・予防センターにて。左から金子善博、本橋豊、マイケル・フィリップス、川上憲人、佐々木久長

北京自殺研究・予防センターのセンター長は北京回老観医院院長の曹達元博士であるが、実質的にセンターを運営している責任者（執行主任）はマイケル・フィリップス博士である（写真1）。フィリップス博士は、カナダ生まれの医師で、心理学、精神医学、臨床疫学が専門である。彼は一九八五年から中国に渡り、中国で自殺を含めたさまざまな研究を進めている。フィリ

ップス博士の下に、二名の副主任がおり、それぞれ教育・訓練部門と啓発・広報部門、および管理部門、臨床部門、研究部門を統括している（図3）。スタッフは医師一五名、看護師二五名、その他一〇名であり、センターの活動を支えている。

北京自殺予防・研究センターは、北京市衛生局の予算で、新しいタイプの自殺予防活動を展開するために設立されたものであり、中国本土では自殺に特化したセンターとして最初のものである。将来的には中国全土に設置される自殺予防・研究センターのモデルとしても位置づけられている。

b　目的と活動

北京自殺研究・予防センターは、以下のような目的で設立されている。①自殺予防に特化した研究を実施する。②自殺予防のためのさまざまなサービスを提供する。③全国のその他の地域における自殺予防センターの設置および活動を支援する。④都市および農村での自殺予防のモデルを提供する。⑤自殺予防の重要性を啓発する。特に、今後八年間に中国の自殺を二〇％減らし、毎年五～六万人の自殺、合計四〇万人

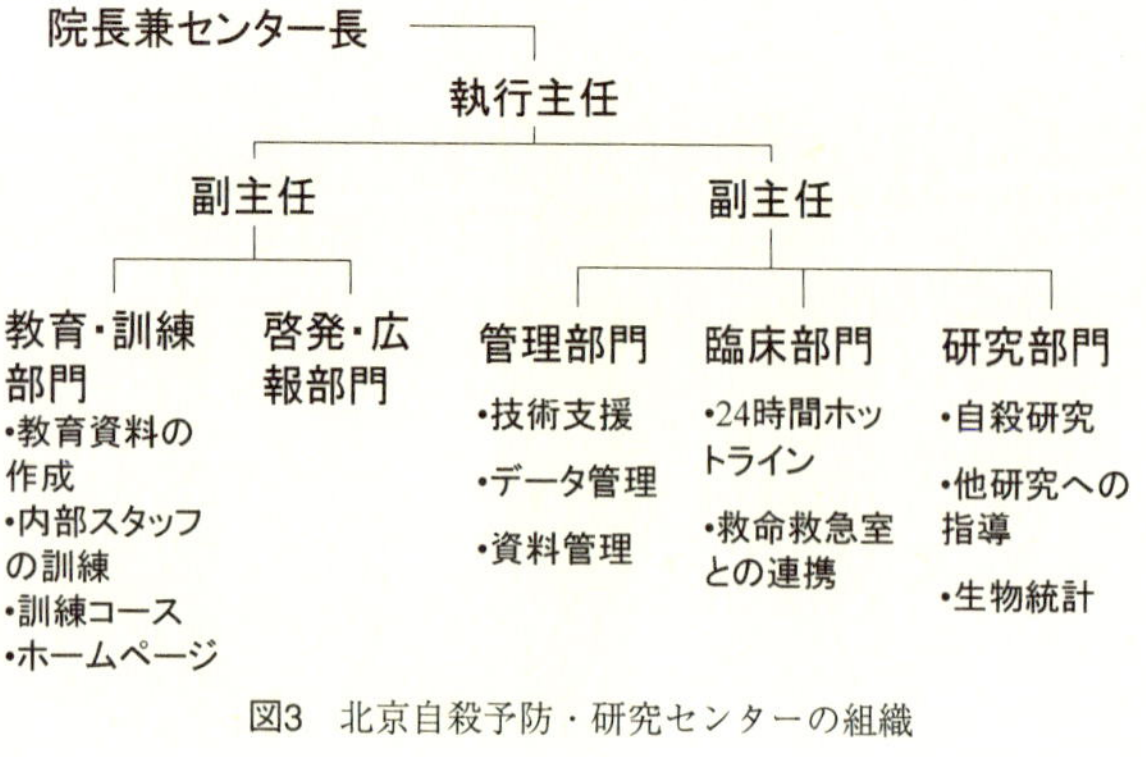

図3　北京自殺予防・研究センターの組織

の自殺未遂を予防することを数値目標としてかかげている。このためにセンターは、電話相談（ホットライン）、ホームページでの情報提供と電子メールカウンセリング、教育・啓発、総合病院救命救急センターへの助言など予防的活動、外来および入院治療、自殺予防に関する調査研究といった活動を行っている。

c　電話相談（ホットライン）

北京自殺研究・予防センターでは、心理危机干预热线と呼ばれる自殺予防のための電話相談（ホットライン）を開設している。これは、心理的な危機や自殺を考える者が無料で電話し相談を受けることのできるもので、日本での「いのちの電話」と類似した活動である。ホットラインは、週七日、二四時間対応しており、四回線（二〇〇四年十二月）に、担当者二人とスーパーバイザー一名がチームとなって一回一六時間勤務、二週間交代で相談に従事している（写真2）。中国本土で最初の無料電話相談サービスである。中国、特に地方では利用できる精神科医療機関や心理相談機関が少ない。多くの相談者にとってこのホットラインは人生ではじめて利用する精神保健サービスである。

センターではホットラインを二〇〇二年十二月から開設しているが、二〇〇三年八月に無料電話にして以後、利用数が激増している。電話件数は、一カ月に一万五〇〇〇件に達し、うち一〇％程度しか担当者につながらない状況が続いている。相談電話は北京市内からのものが一九％、北京周辺からが一七％であり、三分の二がそれ以外の中国全域からである。電話の時間帯は七～二三時が多い。

北京自殺研究・予防センターのホットラインでは、電話相談にあたって次の五つを目的としている。①心理的な支援を与え、気持ちを話せる機会を提供する。②自殺リスクを評価し、これに介入する。③うつ病や精神病症状などの精神疾患をスクリーニングする。④相談者が本人の問題への対処方法を考えることを援助する。⑤適切な紹介先の情報を提供する。このように、北京自殺予防・研究センターのホットラインでは、わが国の「いのちの電話」とは相談への対応方法がやや異なる。わが国の「いのちの電話」では相談者の状況を聴き、共感し、心理的に支援することで自殺を予防しようとしている。一方、このセンターでのホットラインでは、話を聴くと同時に、事前に準備されている調査票に従って質問し、その回答をコンピュータに入力し、うつ病等の精神疾患のスクリーニングを行う。

この調査票は、フィリップス博士のグループが調査研究により中国人のうつ病などの精神障害を鋭敏に評価できるように特別に開発したものである。精神疾患の可能性が示された場合には、担当者は、相談者の居住地域で紹介可能な医療機関またはその他の相談機関の情報を提供する。北京自殺予防・研究センターのホットラインでは、わが国の「いのちの電話」よりもより積極的に相談者の評価と介

写真２　北京自殺予防・研究センターのホットライン相談担当者のデスク：ＰＣを使って相談者に対応する

入を行うようになっている点は興味深い。これは発案者のフィリップス博士の欧米での経験が反映されているのかもしれない。なお、前回の相談時の状況や調査票への回答、さらには電話応対の音声記録もデータベースに保存され、必要に応じて呼び出せるようになっている。

相談担当者は看護師、ソーシャルワーカーなどの資格者であり、六カ月の訓練（一カ月の講義および五カ月の実習）を受けて配属される。また相談担当者は定期的にスーパーバイザーとミーティングすることで、困難な事例について助言を得たり、対応を学んだり、あるいは相談対応によって生じる自らの心理的葛藤などを解決する。

2　一般病院救命救急センターとの二四時間連携体制

自殺未遂により救命救急センターで治療を受けている者に対して、精神医学的な診断・評価を提供することができるように、北京自殺予防・研究センターは北京市内の三つの一般病院に対して二四時間の助言サービスを提供している。これらの病院の救命救急センターに自殺未遂者が到着すると、待機している医師が救命救急センターにでかけ、自殺未遂者の心理的評価を行い、その治療と管理について助言を行う。将来的にはこうしたサービスのモデルが確立し、各市町村に自殺未遂治療センターが設置され、ホットラインは相談者をこれらの自殺未遂治療センターに紹介するようになる予定である。

3　ホームページでの情報提供と電子メールカウンセリング

北京自殺研究・予防センターは二〇〇四年九月にホームページを開設し、さまざまな情報の提供と電子メールによるカウンセリングを行っている（http://www.crisis.org.cn/)。ホームページでは、センターの活動の紹介、自殺予防に関する研究論文の紹介を行っている。またうつ病のセルフチェックを提供している。その上で相談する必要を感じた場合には電子メールで相談が可能になっている。さらにセンターへの寄付、スタッフ、研究参加などの募集も行っている。

4　外来および入院サービス

北京自殺研究・予防センターは北京中心部に自殺予防クリニックを設置しており、ここでは自殺未遂やその他の心理的危機を経験した者が相談や必要に応じて精神科的治療を受けることができるようになっている。また北京回老観医院と連携して自殺の危険性の高い者を緊急に入院させることもできる。

5　啓発・広報

北京自殺研究・予防センターでは、さまざまな教育・啓発活動を行っている。まず、センターはさまざまな種類のパンフレットやニュースレターなどを作成し、配布している。

センターは北京中心部に精神科外来を中心とした自殺予防クリニックを開設しているが、このクリニックの紹介パンフレットには、中国における自殺の実態について、言葉の上での自殺のサイン、行動上の自殺のサインについて詳細な情報が記載されている。うつ病の啓発用のパンフレットには、うつ病の主要な症状、うつ病のメカニズムや治療についての情報が記載されている。一方、北京市内での自殺予防のイベントを開催し、一般市民に対して自殺やうつ病に関する知識の提供、うつ病のスクリーニングなどを行っている。また北京自殺研究・予防センターが積極的にＴＶなどに登場することによっても啓発・広報を進めている。

6　教育・訓練

北京自殺研究・予防センターでは、医師、看護師、ソーシャルワーカーなどに対して、数カ月から半年にわたるレジデント研修を提供している。

7　調査研究

北京自殺研究・予防センターでは、さまざまな調査研究を行っている。そのうち代表的なものを紹介する。

a　都市部と農村部における自殺の実態

すでに述べたように、中国の農村部の若年女性の自殺率が高いことを明らかにした研究（文献1）は、北京自殺研究・予防センターの手によるものである（図２）。

b　症例・対照研究における自殺の危険因子

中国全土から集められた自殺既遂者八八二名と事故死者六八五名について、死亡前の状況を家族・知人などから収集した情報に基づき「心理的剖検」という方法によって評価し、比較することで自殺の危険因子を明らかにした（文献3）。この研究では、例えば死亡二週間前のうつ状態、自殺企図の既往歴、急性のストレス、死亡前一カ月の生活の質、死亡前二日間の重大な生活上の出来事、過去一年間の慢性的ストレス、友人や仲間の自殺の経験、家族・親戚の自殺の経験、農業や肉体労働の従事、死亡前一カ月の近所づきあい、が自殺の危険因子であることが明らかとなった。

c　WHO自殺予防共同研究（SUPER－MISS）における自殺予防研究

中国数カ所の機関が参加しているWHO自殺予防共同研究プロジェクトでは、北京自殺研究・予防センターが中国のセンターとなっている。このプロジェクトでは介入群と対照群を置き、介入群では医師（あるいは保健担当者）が自殺未遂者を自殺未遂発生後ただちに訪問し、近隣のサポートグループを作り、このサポートグループのメンバーに自殺予防の対処スキルを教える。介入群と対照群を一八カ月追跡して経過を観察する。本研究プロジェクトは現在実施されている。

（4）中国の自殺予防国家戦略

二〇〇三年十一月に北京で開催された「自殺予防国家戦略のためのワークショップ」では、国際的な自殺予防の専門家と中国国内の関係者が集まり、中国の自殺予防国家戦略について討議を行った。この結果、中国の自殺予防国家戦略として十一の目標を設定し、これに向けて活動を推進することが提案された（表1）。中国の自殺予防国家戦略のもとになった自殺の要因モデルは、個人レベルから国レベルまでのさまざまな環境・個人要因が自殺のリスクに関与するという多要因モデルである（図4）。

目標1　全国で心の健康、ストレス耐性、人のつながりを促進する

良好な心の健康、安定した家族関係、良好な人間関係をもつ者では自殺のリスクは低い。そのために、心の健康、ストレスへの耐性、良好な人間関係づくりを推進することが望まれる。具体的には、心理的ストレスの有害な影響を最低限にする予防的な方法を広く知らしめる、子供達に対するストレスマネジメントの教育・訓練、社会的支援を拡大する活動を奨励する、などがあげられている。

目標2　自殺予防のための広範な支援を推進する

自殺予防の計画には、政府および地域の強力な後ろ盾が必要である。このために自殺および現在の自殺予防活動についてマスメディアを通して広報をはかること、自殺予防活動を組織し運営するさま

表1　中国の自殺予防国家戦略（2003年11月）

1	全国で心の健康、ストレス耐性、人とのつながりを促進する
2	自殺予防のための広範な支援を推進する
3	さまざまな自殺手段（特に農薬）の入手しやすさと致命性を減らす
4	ハイリスク者に対する社会的支援ネットワークを増やす
5	ハイリスク者を同定するための地域におけるスクリーニングプログラムの促進
6	精神的健康問題および自殺に関する人びとの気づきを高め、態度を変容させる
7	精神医療へのアクセスと質を改善する
8	ハイリスク者と自殺によって影響を受ける他者に対する特別なサービスを確立する
9	自殺の予防と臨床的マネジメントのための科学的根拠を拡大する
10	自殺行動のサーベイランスを改善し、拡張する
11	自殺と関連したサービスや研究のための持続した資金を創出する仕組を作る

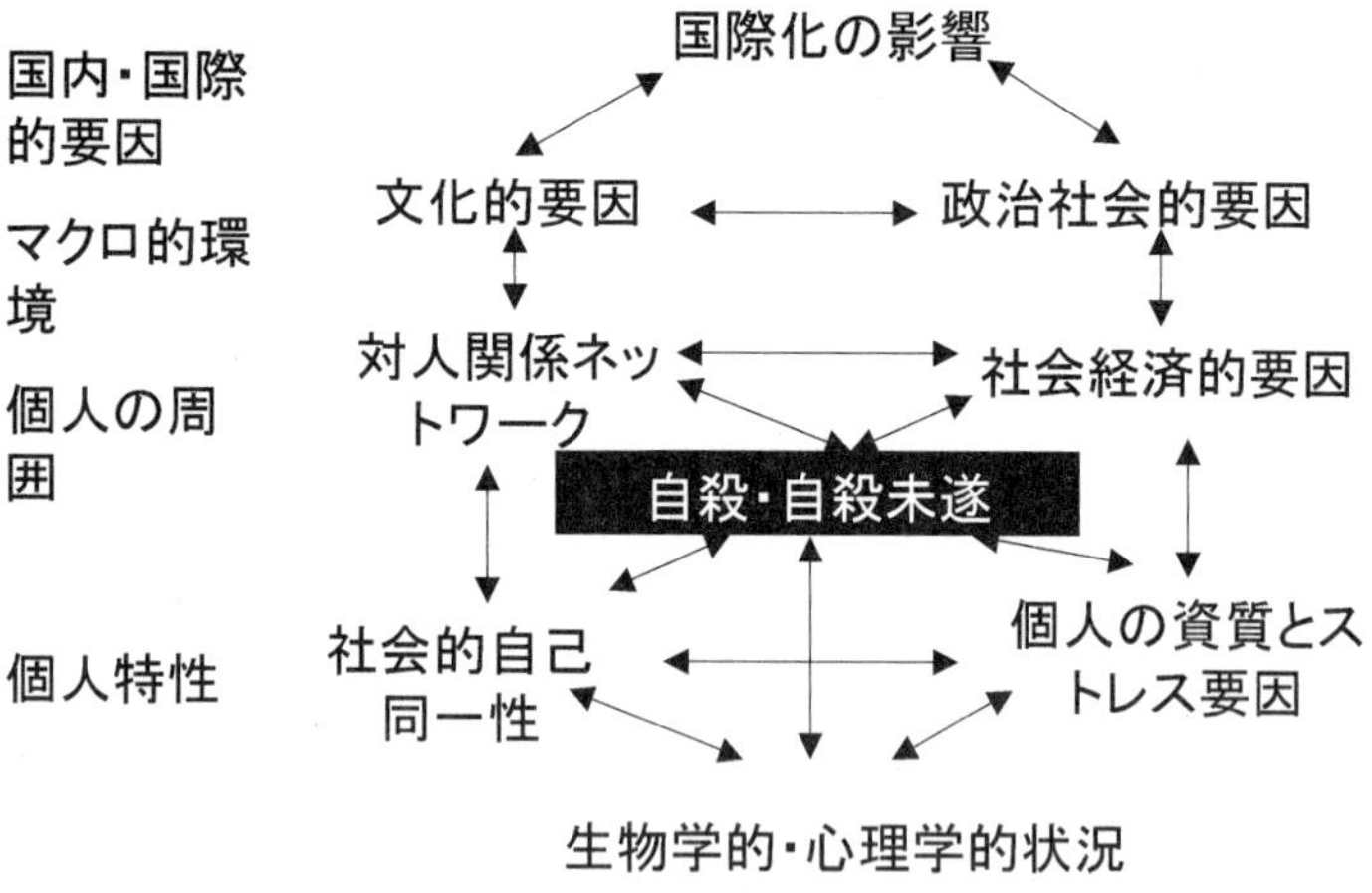

図4　自殺の多要因モデル

ざまな専門家を訓練すること、自殺予防・研究センターを全国に設置すること、部門や機関に現在の活動に自殺予防を追加するよう奨励すること、地域および場所ごとの自殺予防計画の立案を奨励すること、自殺予防関連ＮＧＯの設立を支援すること、自殺防止活動を支援する立法を奨励することがあげられている。

目標3　さまざまな自殺手段（特に農薬）の入手しやすさと致命性を減らす

農村部の自殺は高率で農薬の使用と関係している。女性では男性よりも自殺未遂の頻度が高いが、自殺未遂の際に致死率の高い農薬を使用してしまうことで、女性の自殺率が増加している可能性がある。自殺手段の入手しやすさと致命性を減らすために、農薬中毒の救命率を改善する、農薬およびその他の毒性物質を入手しにくくすることがあげられている。

目標4　ハイリスク者に対する社会的支援ネットワークを増やす

中国では高齢者と農村部の若年女性において自殺率が高い。このため、独居高齢者に対する家庭訪問プログラムを設置する、農村部の若年女性における自助グループの確立を促進することが提案されている。

目標5　ハイリスク者を同定するための、地域におけるスクリーニングプログラムの促進中国では自殺既遂者または未遂者のうち九〇%は精神的問題による受診をしていない。スクリーニングプログラムにより、精神的問題をもつ者を同定し、紹介することが重要である。これは、本人の家族や友人が問題に気づいて、紹介する助けになる、ホットラインにおいて、スクリーニングサービスを提供できる、学校・職場でハイリスク者を同定できる、女性連盟・青少年リーグ・高齢者協会など、さまざまな場面で利用できる、医療機関・学校・刑務所・その他の機関におけるキーパーソンとなる担当者を訓練する、ホットラインの相談担当者のスクリーニングおよび紹介の能力を向上させる、精神障害者の家族に対して、自殺リスクについての教育資料を作成する、ことが提案されている。

目標6　精神的健康問題および自殺に関する人びとの気づきを高め、態度を変容させる

精神的健康問題と関連して、自殺リスクが高まる人びとが専門的治療を受診しない理由としては、本人の経験している問題が治療できるものである、という認識がない、メンツを失うことを恐れて専門的治療を受診しない、必要な治療を提供できる専門家が地域にいない、などがある。このために、頻度の高い精神疾患の症状と治療に気づきを促す、地域住民が精神的問題の治療を進んで受診するようにする、精神疾患と自殺に関する偏見を減らす、マスメディア、映画、その他において精神疾患と自殺の報告と描写を改善させる、ことが提案されている。

目標7　精神医療へのアクセスと質を改善する

大規模な精神科専門病院以外に、精神医療サービスがないことは中国の大きな問題である。このために、一般医が精神的問題を診断し治療する能力と進んで治療を行う態度を身につける、精神科医の数を増やし、カウンセリングに関する訓練を拡大する、医師以外の心理カウンセラーの訓練を標準化する、すべての地方で精神科薬物療法を妥当な価格で利用可能にする、ことが提案されている。

目標8　ハイリスク者と自殺によって影響を受ける他者に対する特別なサービスを確立する

地域でのスクリーニングプログラムで同定されたハイリスク者の紹介先としてのサービス、また自殺未遂者、家族や友人の自殺による悲しみに対処するための助けが必要な子供達へのサービスも必要である。このために、精神保健医療職や一般保健医療職に対する自殺リスクの高い者への適切な治療に関する教育資料を作成し、テストし、普及させる、自殺未遂者に心理的評価と心理的な追跡支援を提供する、自殺のハイリスク者に対してケアや医療を安価に提供する、医療機関、学校、刑務所およびその他の機関で自殺のハイリスク者への対応、自殺や自殺未遂の直後の対応についてのガイドラインを作成する、自殺によって影響を受ける家族やその他の者へのサポートグループを作ることが提案されている。

目標9　自殺の予防と臨床的マネジメントのための科学的根拠を拡大する

国としての自殺研究のテーマのリストを作成する、自殺予防活動と自殺関連研究を実施している組織や機関に訓練や技術的支援を提供する、自殺および自殺未遂を減らすための具体的な介入法（手段の入手を制限する、社会的支援ネットワークを改善する、住民への教育、スクリーニング、改善された救命技術、改善された精神医療など）の費用対効果を評価する研究を実施する、関心のある中間指標（知識の増加、態度の変化、医療の受けやすさ、質の向上など）を達成するための最良の方法を同定するための研究を実施することが提案されている。

目標10　自殺行動の推移を監視する方法を改善し拡張する

自殺未遂の発生率を評価する効果的な方法を開発する、報告された自殺率や自殺未遂の発生率の正確さを評価する方法を開発する、自殺および自殺未遂の変化する特徴、危険因子、社会経済的影響を継続して監視する機関を設立することが提案されている。

目標11　自殺と関連したサービスや研究のための持続的な資金調達の仕組みを作る

たとえ国によって承認されたとしても、資金なしには自殺予防国家戦略は実行できない。資金を集めるグループの確立、部門ごとの予防活動のための支援を得る、自殺に特化した研究資金の確立を促進することが提案されている。

以上の国家戦略は、中国政府によって承認されたものではないが、今後の中国の自殺予防対策の柱となると考えられる。

（5）北京大学における精神医療

中国の精神医療について、北京大学精神衛生研究所および第六院で収集した情報を追加しておく。地方では精神医療を提供する機関は限られているが、北京では比較的多くの精神科医療機関がある。北京大学第六院では、一般的な精神医療は、一般市民にも十分支払える程度に安価に提供されている。あまりに安価で、精神科医の収入不足が問題になるほどであると聞いた。一方、高名な教授による心理カウンセリングなど、より高度な精神医療を受けたい場合にはこの数倍以上の特別診療料金を支払う必要がある。安価な通常の診療と、高価な高度医療が明確に区分されていることには驚かされた。また中国の精神医療では、針治療が積極的に取り入れられており、不眠やうつ病に対してもこれが適用されている。なお国全体の自殺予防対策と関連して、北京大学精神衛生研究所では、一般医を対象とした自殺予防のための生涯教育も開始されている。

（6）おわりに

中国における自殺予防は、北京自殺研究・予防センターを中心にモデルづくりがはじまったばかりである。その牽引役は、北京自殺研究・予防センターのフィリップス博士であり、彼の臨床疫学者としての考え方や視点が中国の自殺予防には大きく反映されている。中国の自殺予防国家戦略も、フィリップス博士が中心となり、国際的な専門家の助言を受けて作成されている。WHOが行う自殺予防共同研究との関係も深い。中国の自殺予防は、自殺に対する偏見や限られた精神医療サービスという課題を抱えながら、一方では国際的な水準で推進されているといってよい。少なくとも現在行われている自殺予防プログラムについては、共産党一党支配や報道規制の存在の影響を感じる部分は少ない。しかしインターネット自殺サイトの政府による監視と強制排除などは中国だからこその対策かもしれない。一方、北京自殺研究・予防センターの活動は、まず自殺について研究を進め、その上に立って自殺予防サービスを構築している点に特徴があり、自殺予防においても科学的根拠をないがしろにしない姿勢からは学ぶべきものがある。しかしながら、北京自殺研究・予防センターの維持、他の地域における同様のセンターの設置、この他のプログラムの実施には継続的な資金が必要となる。今後、中国政府あるいは各地域が自殺予防活動に資金を提供してくれるかどうかが中国の自殺予防の成否の鍵を握っているだろう。

（7）中国の自殺予防対策（要約）

中国での自殺予防活動はどう進められているのだろうか。ここでは、二〇〇一年に開設された北京自殺研究・予防センターの活動と、二〇〇三年に策定された中国の自殺予防国家戦略を中心に、中国の自殺と自殺予防の現状を紹介した。中国では農村部の若年女性において自殺率が高いという特徴があり、これは農村部の若年女性のおかれている社会的環境、自殺手段としての農薬の入手の容易さ、医療機関へのアクセスの困難さからもたらされていると考えられる。北京市によって二〇〇一年に設立された北京自殺研究・予防センターは、中国の新しい自殺予防のモデルとして活動しており、自殺に関する調査研究のほか、二四時間電話相談（ホットライン）、ホームページによる情報提供、救急救命センターへの二四時間助言サービス、教育・訓練、啓発・広報など幅広い活動を行っている。二〇〇三年には「自殺予防の国家戦略のためのワークショップ」が行われ、中国の自殺予防国家戦略が提案されている。中国における自殺予防は、北京自殺研究・予防センターを中心にモデルづくりがはじまったばかりであるが、自殺について研究を進め、その上にたって自殺予防サービスを構築しようとしている点は大きな特徴であり強みである。自殺予防においても科学的根拠をないがしろにしない姿勢には学ぶべきものがある。

（川上憲人）

参考文献

1 Phillips MR, Li X, Zhang Y. Suicide rates in China, 1995-99. *Lancet.* 2002; 359 (9309): 835-40.

2 Pearson V, Phillips MR, He F, Ji H. Attempted suicide among young rural women in the People's Republic of China: possibilities for prevention. *Suicide Life Threat Behav.* 2002; 32(4): 359-69.

3 Phillips MR, Yang G, Zhang Y, Wang L, Ji H, Zhou M. Risk factors for suicide in China: a national case-control psychological autopsy study. *Lancet.* 2002; 360 (9347): 1728-36.

第九章　スウェーデンの自殺予防対策

(1) スウェーデンという国の概要

スウェーデンはスカンジナビア半島の東側半分を占める北欧の大国である。人口は八九六万人(二〇〇四年二月)である。首都はストックホルムであり、国民の約九〇%がスウェーデン国教会に属している。気候的には緯度が高いため、日照時間が夏と冬では大きな違いがある。夏には二〇時間近く太陽が照るが、冬には午後二時半くらいには日が沈む。歴史的にはヴァイキングの活躍が有名であるが、第二次世界大戦後は、世界に冠たる福祉国家というイメージが強い。社民党が一九三二年から一九七六年まで政権を担当し、この間に福祉国家スウェーデンを構築した。国民年金、医療保険、失業保険、両親保険、児童手当、有給休暇、高齢者福祉施設などの福祉政策が推進され、北欧モデルと呼ばれる、福祉政策のひな形を提供した。しかし、経済成長の鈍化、高福祉高負担に対する国民の不満の高まりとともに福祉政策は見直され、一九九五年のEU加盟にともない福祉政策の調整が行われた。

スウェーデンでは年間約二〇〇〇人が自殺し、約二万人が自殺未遂するとされている。一九八〇年には人口一〇万対の自殺率は二七であり、自殺高率国に入っていたが、一九九六年で人口一〇万対一九まで減少している。年代別では五〇~五九歳の自殺が最も多い。自殺予防対策の政府報告書には、スウェーデンが自殺高率国であるという神話はベルイマンの映画によって広まったとの解釈が書かれており、スウェーデンの自殺率は決して高くないと強調されている。

(2) スウェーデンの自殺率の現状

一九五〇年代から一九七〇年代にかけて、若い男性の自殺率が増加した。一九八〇年以降、スウェーデンの自殺率は時系列変化で見ると漸減傾向にあり、大きな変動は見られない(図1)。しかし、一九八〇年以降は自殺念慮や自殺未遂が増えているといわれている。自殺未遂は十五~二四歳の女性と二五~三四歳の男性で多い。十六~十七歳の生徒を対象とした調査では男子生徒の四%、女子生徒の九%が一度は自殺未遂を起こしたと答えている。図1を見て特徴的なのは、一九九〇年以降の失業率の増加にもかかわらず、自殺率は一貫して減少傾向にあることである。スウェーデンにおける一九九〇年以降の失業率の増加はソビエト連邦崩壊に伴う経済不況と考えられるが、自殺率には影響を及ぼしていないことがわかる。社会福祉政策の充実が雇用条件の悪化にもかかわらず、自殺率の増加を抑制している可能性が考えられる。わが国の自殺率が一九九八年以降、失業率の増加に反応して増加したのとは対照的である。

自殺の背景要因として重要なのは精神性疾患である。最も重要なのはうつ病であるが、統合失調症やアルコール依存症も自殺と関係している。その他に、人格障害や薬物依存症も背景要因となりうるとされている。

（3）スウェーデンの自殺予防に対する考え方の特徴

スウェーデンは産業保健学が進んだ国

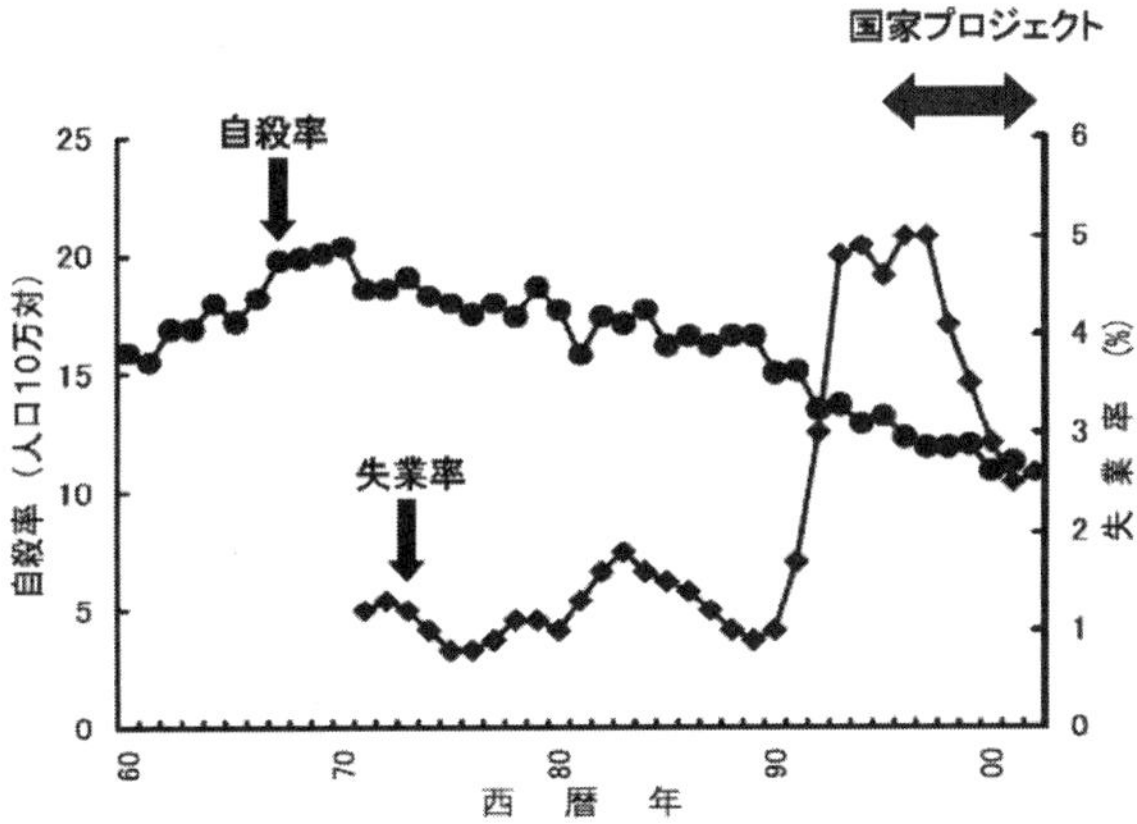

図1　スウェーデンの自殺率（1960～2002年）と失業率（1970～2003年）の推移を示す。1980年代からは自殺率は漸減傾向にある。ソビエト連邦崩壊に伴い、1990年から失業率が急速に増加したにもかかわらず、自殺率は一貫して減少傾向を示している。自殺率が増加しないのは福祉国家たるスウェーデンの社会政策の充実を反映している可能性が高い。また、スウェーデンの国家レベルの自殺予防対策は自殺率が低下している時期であるにもかかわらず開始された。

であり、職場における事故の予防など、安全重視の考え方が予防医学分野では支持されてきた。このような発想は受動的方法とよばれ、個人の行動の決定要因に働きかけるのではなく、個人を取り囲む環境要因に働きかけて事故を減らすという考えを生んだ。例えば、自動車の設計や交通環境を改善することで交通事故を減らす、という発想である。別のいい方をすれば、事故による傷害を減らす方法であり、これを自殺予防にも応用しようというものである。ヘルスプロモーションならぬセイフティープロモーション（安全の推進）なる用語すら作られ、広められている。このような発想は個人の疾病よりも、環境の改善を重視するという意味においては、ヘルスプロモーションの一亜型ということができる。

スウェーデンの自殺予防に対する別の側面での特徴は、自殺に対する両価的（アンビバレント）な態度を尊重する立場である。自殺を罪とみるか、人間の権利とみるかは歴史的・文化的背景がある。スウェーデンでは、一八六四年までは自殺は罪とされており、一八六四年の自殺法により初めて罪ではなくなり、一九〇九年に宗教的制裁が取り除かれた。そのため、自殺は人間の自由な権利の行使であるとする考えもある。自殺予防は個人の高潔さを侵害するものと考える者もいる。また、一般人は自殺を特殊な問題だと考えている人がいる。自殺を防ぐことなどできないと考える人もいる。このような多様な価値観のなかで、自殺予防を進めていくということを理解しなければならない、ということをスウェーデンの自殺予防ではとくに言及している。自殺の実存的な意味を考えることの必要性も、スウェーデンの自殺予防対策では触れられており、特徴的な点といえる。

（4）スウェーデンの自殺予防対策が生まれた背景

フィンランドと同様に、WHOの「すべての人に健康を」戦略（自殺予防に関する目標十二）にどう対応するかということから、スウェーデンの国家レベルの自殺予防対策は立てられはじめた。一九八九年にハンガリーのセゲドで開催されたWHOの会議で国家的な自殺予防対策の必要性が示された。これを受けて一九九三年五月、WHOのカナダの会議で国家プログラムの目的が示された。このような一連の国際的動向のなかで、スウェーデンでは全国自殺予防評議会が創設された。一九九四年二月には「なぜ人生を希望のないものと感じるのか、自殺する人への支援、自由と強迫としての自殺」という報告書が出された。

以下、スウェーデンの国家自殺予防プロジェクトの詳細を見ていくことにするが、記述は「自殺危機への支援――スウェーデンの自殺予防国家プログラム（一九九六年）」に基づいている。

（5）スウェーデンの自殺予防対策の目標およびガイドライン

スウェーデンの自殺予防対策の目標は三つである。

1　自殺者数および自殺未遂者数の持続的な減少。そして、子供や若者が自殺に至る環境要因をできるだけ取り除くこと。

2　リスク集団において自殺および自殺未遂を早期に発見し、その上昇傾向を反転させること。

3　自殺に関する公衆の知識を向上させ、一般人やソーシャルワーカーや医療人が自殺を図る人の支援・介入ができるようにすること。また、親戚や身近な友人が自殺あるいは自殺未遂を図った人びとを支援できるようにすること。

以上の三つの目標を踏まえて、スウェーデンの自殺予防対策のガイドラインが示されている。一般に、自殺に対する人びとの態度には、これをタブー視する態度と人間の権利として見る態度がある。このような文化的態度を踏まえて、プログラムは以下のようなガイドラインにもとづいて作られている。

1　自殺予防の三側面モデル／①一般的自殺予防、すなわち自殺予防のために心理学的、教育的、社会的な方策を用いること、②間接的自殺予防、すなわちリスク集団に対する疾病の治療および社会的問題の解決、③直接的自殺予防、すなわち自殺に至るプロセスそのものに介入すること。この三側面モデルは次節で詳しく解説する。

2　自殺行動と自殺予防に関する知識を増加させること。
3　リスクの高い個人や状況に対してよりよい方策を講じること。
4　自殺に関する問題を抱える人に対して専門的な援助を与える方策を向上させる。
5　広範な学際的協力および部門を越えた協力。
6　体系的な評価を行うこと。

(6) スウェーデンの自殺予防のモデル

スウェーデンの自殺予防対策のモデルはフィンランドのようにヘルスプロモーションのモデルを全面に押し出したものではなく、古典的な予防医学の考えに基づいていると考えられる。自殺予防の三側面として、一般的自殺予防、直接的自殺予防、間接的自殺予防という側面を考えている（図1）。この三つの側面は予防医学でいう一次予防（狭義の健康増進）、二次予防（疾病の早期発見・早期治療）、三次予防（イベント発生後のケア、リハビリ）におおむね対応している。

（7）自殺予防を推進する知識と態度

自殺問題の啓発普及を進めるために必要となる知識と態度の要点を簡潔にまとめると次の六つになる。

1　**死と自殺について語ること**　死と自殺について語ることは実存的問題であり、こうすることで、自らこの問題に取り組むという姿勢を生み出すことになる。

2　**自殺という言葉は、人生の置かれている状況に応じて、異なる意味をもってくる**　健康な人は自殺について関心がない。自殺を考えている人にとっては、苦しい状況に終止符をうつという、自らをコントロールできる可能性というように考える。しかし、精神性疾患が背景にあることが多い自殺では、それは自らが

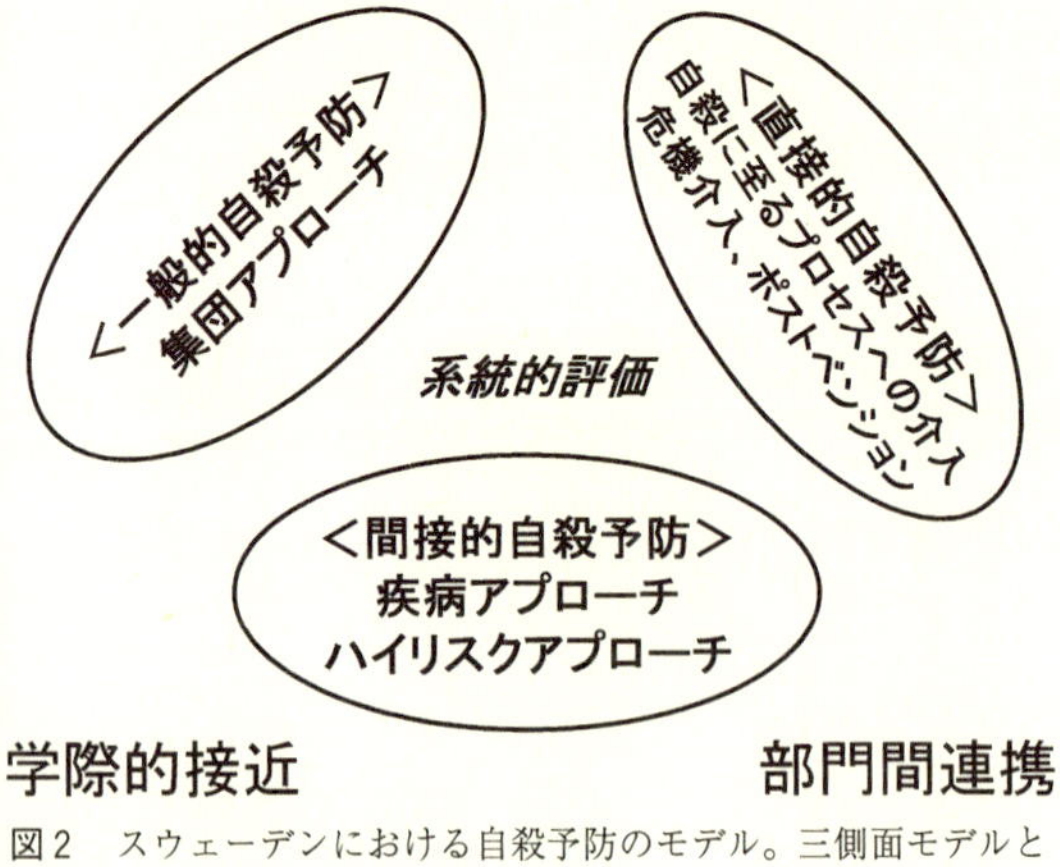

図2　スウェーデンにおける自殺予防のモデル。三側面モデルと言われる。一般的自殺予防、直接的自殺予防、間接的自殺予防の三つの側面で自殺予防を捉える。

選んだ死というよりは強制された死である可能性が高い。

3　**自殺に至るプロセス――自殺念慮が行動へと移行する**　自殺行動を起こすときには、うつ的状態で酒や薬物の影響下にあることが多く、清明な状況というよりは、混沌とした状況下で自殺行動に移ることが多い。

4　**自殺は避けられない運命ではない**　自殺したいという気持ちは一過性であることが多く、決して運命づけられたものではない。

5　**自殺行動は予防できる**　精神性疾患の治療や自殺手段に対する規制で、自殺は予防できるものである。

6　**援助を求めることができる**　社会的に、さまざまな援助のシステムがあることを、忘れないことが大切である。

（8）スウェーデンの自殺予防対策の戦略

自殺予防対策は長期的展望が必要な対策である。自殺予防の戦略としてスウェーデンがあげているのは次の一〇の戦略である。（表1）

それぞれの戦略について、具体的に見ていく。

1　自殺問題に対する啓発普及を促進すること

啓発普及活動はどの国の自殺予防戦略でも筆頭にあげられる。スウェーデンの自殺予防戦略においてもこのことは変わらない。自殺問題をタブー視する文化的風土と科学的研究との相克が必要であることが、スウェーデンの戦略ではまず強調されている。また、死や自殺を実存的問題として捉えて、対話を促進することの重要性が述べられている。このような姿勢は安楽死問題を自殺問題との関連で言及することと関連している。自殺学、精神医学、危機介入、心理学的葛藤解決の戦略、あらゆる援助の方法が動員されなければならない。しかし、注意しなければならないこととして、啓発普及がよい側面だけでなく、負の側面も有することである。マスメディアの報道による群発自殺などが負の側面の具体例である。自殺予防を進めていくうえで議論をオープンに行うことが必要であり、さまざまな文脈で議論が行われることが必要である。人間としての基本的な面として、ヒューマニズムとは何か、人生の意味、宗教、実存的問題などが議論の対象としてあげられている。また、具体的対策としては、情報提供を行うこ

表1　スウェーデンの10の自殺予防戦略

1）	自殺問題に対する啓発普及を促進すること
2）	社会的・医学的支援と治療を提供すること
3）	子供と若者に対する援助をすること
4）	成人に対する援助を行うこと
5）	高齢者に対する援助を行うこと
6）	リスク集団に対する援助をすること
7）	研修を行い、技能の向上を図る
8）	自殺の手段をより利用しにくくする
9）	自殺学に関する知識を増加させる
10）	必要であれば法律や規制を改正すること

と、自殺の実存的な意味について議論を重ねることが必要であると指摘されている。また、特別な面として、自殺危機や精神障害について議論することが必要であると指摘されている。

必要な対策として次があげられている。

①情報提供／自殺の現状に関する定期的報告、必要な知識やガイドラインに関する情報提供など。情報提供により自殺率が変化するのかどうかを分析すること。自殺予防を行うことで、健康増進にどのような効果が現れるのかについての知識を集積すること。

②実存的問題に関して対話を促進すること／これは、難しい哲学的議論を進めるということではない。死に対する態度や自殺および自殺予防に対する態度について議論できるようにすることである。文献やメディアで情報と議論を増やし、自殺予防についてのさまざまな会議を開催する。

2　社会的・医学的支援と治療を提供すること

精神障害が自殺に結びつくという事実を踏まえて、精神障害に起因する自殺危機に家族内や職場などで対処することが必要である。そのためには、親族、友人、職場の上司や監督者、人事担当者、ケア担当者、いのちの電話、危機介入センター、ケアを提供する団体などが支援を行う必要がある。支援者が効果的に活動を行うためには相互の連携が不可欠である。

自殺行動を起こした人への治療とケアは保健医療サービスにより行われるが、その際に人間に対する優しさという観点が、生物学的、心理学的、社会的観点と同様に大切である。この観点は治療やケアのすべての段階（救急医療の段階から退院後の継続的ケアに至るまで）で要請されている。治療とケアは、薬物治療、心理療法、社会的リハビリテーションまでのすべてを含んでおり、退院後の自宅でのケアも当然のことながら含まれる。

必要な対策として次のことがあげられている。

①プロジェクトの立ち上げとその監督／教育教材の開発。自殺予防に関する地方プロジェクトや部門を越えたプロジェクトを立ち上げること。監督は保健福祉局が担当する。

②危機管理／危機介入や心理的葛藤に関する教育研修、個人に対するケア、災害などで苦しむ人びとへの組織的な支援、自殺しようとする人の動機発見と援助、職場で自殺予防を日常業務に組み込むこと、があげられている。

③保健医療サービスの提供／助けを求める自殺企図者に、きちんとした医療や支援が提供される必要がある。そのためには、自殺に関連する患者に対して、よい保健医療サービスが提供できるように、質の保証を行うこと、ケアプログラムを開発すること（例えば自殺対応治療チームを作り治療に当たらせる）、精神疾患をもつ人の自殺予防のための効果的治療に注意を払うこと、自殺危機に対処するための技法をプライマリケアのレベルでスタッフに研修させること、自殺しようとしている人へ救いの手を差し伸べるための活動を開発すること、などがあげられている。研修において考慮すべき精神障害としては、うつ病がまずあげられ、その他の精神障害（とくに統合失調症）、薬物依存、人格障害もあげられている。また、自殺企図行動をする人への接触と支援を行う現行の福祉サービスを越え

た活動（アウトリーチ）を創り出すこと、治療の継続性の確保、自殺問題を抱える子供や家族への支援、親族や自殺未遂者へのカウンセリングも必要である。

3　子供と若者に対する援助を行うこと

自尊心を養うことは子供や若者の自殺予防の基本である。そのためには児童期、青少年期に大人と安定した接触をもつことが大切である。子供は現代では多くのことに適応しなければならずストレスが多くなっている。児童期・青少年期において、心理的危機（うつ病、薬物依存、暴力、自殺傾向）や心理的葛藤に対処する方法を学ぶ必要がある。

児童生徒がうつ病や自殺傾向になっていることを早期に発見し援助することが必要である。また家族の崩壊も早期に見つけ出し適切な支援がなされる必要がある。

具体的対策としては次のことがあげられている。

①プロジェクトの立ち上げとその監督／教育教材の開発。自殺予防に関する地方プロジェクトや部門を越えたプロジェクトを立ち上げること。

②教育／心理的葛藤、自殺危機、うつ病、その他の自殺関連問題に関する教育と研修を行うこと。自殺関連行動のシグナルやリスクの早期発見。自殺関連行動や自殺未遂のリスクを早期に発見すること。高等教育の初年度などの環境変化に伴うリスクを考慮すること。

③保健医療サービスとソーシャルワーク／児童生徒の成長に伴う環境中のリスク要因を把握するここ

と。子供達の心の叫びに耳を傾けること。リスクの高い家族を早期に見いだし、支援を行うこと。単身者や移民者にとくに注意を払うこと。自殺予防に関わる人びとの心のケア。関連団体の連携強化。

4　成人に対する援助を行うこと

社会的ネットワーク・生活環境、職場環境・余暇生活、人生に目的と信念をもって生きることができること、の三つの領域が成人では大切である。

社会的ネットワーク・生活環境　制度化されたものであれされていないものであれ、人が物的な支援や感情面での支援を受けられる環境のことである。社会的ネットワークがあることで、問題を解決し自分の能力を高めることができる。自分の抱えている問題がどこまで個人的な範囲でどこからが外部の要因によるかを人は理解する必要がある。離婚や死別といった人間関係の危機は自殺のリスク要因となる。

職場環境・余暇生活　職業生活は本来人生によい影響をもたらすものであるが、職業に価値を見いだせない者にとっては精神的ストレスになりうる。近年では職業生活の心理社会的側面が重視されてきており、職業に伴うストレスや自殺等との関連も論じられるようになった。とくに失業は心理的ストレスとして大きいものである。

人生に目的と信念をもって生きること　現代社会の急速な変化と文化的変容は、人生の目的や、信念をもって生きることを難しくさせがちである。個人や集団を対象として、心理的に対処できるようにすることが望まれている。

具体的対策としては次のことがあげられている。

①プロジェクトの立ち上げとその監督／教育教材の開発。自殺予防に関する地方プロジェクトや部門を越えたプロジェクトを立ち上げること。

②結婚とそれに関連する問題／家族や社会に関する議論を行うことで人格的な成熟を図ること。離婚・死別などの人間関係の危機やそれに続く心理的孤独に対する支援を行うこと。人生の危機やその対処方法、うつ病や自殺行動に対する知識を増加させること。

③会社や職場／職場で精神障害や自殺危機を引き起こす不安や感受性の高い個人に十分な注意を払うこと。個人や集団への支援を行う方法を確立すること。職場環境における孤独、薬物依存、精神障害、葛藤に対して関心を払うこと。自殺危機や心理的葛藤に関する教育訓練を行い、心理的に悩みを抱える個人や集団のケアを行うこと。自殺行動を起こす人の早期発見と援助を行うこと。移民に対して十分な注意を払うこと。

5　高齢者に対する援助を行うこと

国の経済状況が悪化するに従い、高齢者のＱＯＬが低下する傾向にある。とくに注意を払うべきは高齢の単身者である。高齢単身者では日常的な生活欲求に自分では答えられないことがある。病気への不安、生活自立の困難への不安、終末期のケアへの不安、死の苦しみへの不安などのさまざまな不安が高齢者にはある。そして、これらの不安から自殺へと至る可能性がある。高齢の移民は言葉の困難という問題もあり自殺リスクの高い集団である。

具体的対策としては次のことがあげられている。

①プロジェクトの立ち上げとその監督／教育教材の開発。自殺予防に関する地方プロジェクトや部門を越えたプロジェクトを立ち上げること。

②社会的問題、結婚や人間関係の問題／これらの問題に関する専門家を育成すること。高齢者が知的な面、感情面、社会面での資源を有効に活用できるようにし、その活動を促すこと。みんなで会話ができるように個人や社会を動かすこと。うつ病や自殺に対する知識を増やし、これに対処できるようにすること。高齢の移民に対する配慮をすること。保健医療の施設を速やかに移動できるように連携を強化すること。終末期の高齢者に対する社会的医学的サービスを発展させること。

6　リスク集団に対する援助をすること

つぎのようなリスク集団に対する対応が必要である。

アルコール依存症者、薬物依存症者　アルコール依存症を含む薬物依存症者では自殺のリスクが高まる。うつ病を併発しやすいことや社会的不適応を起こしやすいためである。離婚・死別、犯罪行為、無免許運転なども自殺のリスクとなる。

HIV感染者やAIDS患者　社会的差別、病気の予後の不確実さ、重篤な症状、精神疾患の併発などが自殺リスクが高まる要因である。

暴力の被害者や自己陶酔的傷害　身体的暴力や性的暴力は心理的な傷を遺し、精神的な問題を引き起こす。さらなる暴力から守ること、生活の場を保証すること、心理的ケアを行うことなどが必要であり、これらが自殺予防対策となる。職を失うこと、犯罪を非難されること、運転免許を失うことなどが自殺危機の引き金になる。

移民　社会へとけ込むために必要なスキルの欠如などのため、文化的な不適応を起こす移民が多い。そのために自殺率が高くなる。

具体的対策としては次のことがあげられている。

①プロジェクトの立ち上げとその監督／教育教材の開発。自殺予防に関する地方プロジェクトや部門を越えたプロジェクトを立ち上げること。

②保健医療サービスと社会福祉の提供／教育や訓練を通じてこれらの人びとのソーシャルスキルを高めること。なぜ、心理的葛藤や自殺危機がおきるのかを理解すること。アルコール依存や薬物依存がなぜ自殺危機を高めるかに関する理解を深めること。リスク集団に対する治療センターを設置すること。

7　研修を行い、技能の向上を図る

自殺行動を起こそうとする人やその親族は専門家の支援を必要としているので、専門家を育成することが重要である。

訓練のプログラム　以下のような事項が含まれる。

・自殺および自殺未遂の背景とリスク要因
・自殺にかかわるコミュニケーションと自殺リスクの評価方法
・態度と倫理
・討議方法
・危機介入と心理的葛藤に対する介入
・うつ病とアルコール依存症の診断と治療
・回想的レビューを行う方法
・さまざまな治療法とその利用方法について
・治療、部門間の協力、事後追跡

ワーキンググループ（自主的な勉強会）　訓練コースと連動して、自殺予防に関する知識を高めるための方法を確実にし、知識を広めるワーキンググループが必要である。このようなグループのメンバーは、自殺危機に介入できるようになること、自殺者の様子を回想的にレビューできるようになること、が期待されている。

予防プログラム　個人のレベルあるいは組織や団体のなかで自殺予防に関われる人材の育成。具体的対策としては次のことがあげられている。

①プロジェクトの立ち上げとその監督／教育教材の開発。その教材は学校、職業関連センター、成人教育協会、会社、保健医療サービス施設などで広めることができる。自殺予防に関する地方プロジェクトや部門を越えたプロジェクトを立ち上げること。

②研究と開発／自殺予防教育に関する研究開発。教育指導者の育成。教育プログラムとしては、自殺危機、心理的葛藤のマネジメント、精神障害の理解、自殺予防に関することなどが含まれる。対象としては、教師、保健医療福祉職関係者、聖職者、警察、救急、軍隊などである。

③学校教育／心の健康、心の危機、心的葛藤、同僚の支援、などのなかに自殺関連問題が組み込まれるべきであり、しかも正規のカリキュラムに入れるべきである。知識と態度に関する教育が必要である。

④支援と治療を行う組織／それぞれの組織や団体に、これらの教育教材などは備えられなければならない。

8　自殺の手段を利用しにくくする

自殺手段の規制は各国の自殺予防として必ず言及されるプログラムである。医薬品の販売の規制としては、大量の医薬品を売らないようにすることや少量のパッケージにすることなどがあげられる。銃器の規制はアメリカやオーストラリアで行われている。交通機関での傷害防止策としては、地下鉄の防護柵の設置などがあげられる。また、高所からの飛び降りを防ぐための防護柵の設置も行われている。
具体的な対策としては次のようなことが行われている。
①プロジェクトの立ち上げとその監督／自殺手段を減少させるような研究の推進。この問題に関するデータの蓄積。自殺および自殺未遂統計と他の傷害統計を参照すること。
②交通機関などに対する対策／アルコール依存症者が自動車を運転しようとしたときに、空気中のアルコール濃度を感知してエンジン始動キーがロックされるような装置（アルコールロック）の導入。一酸化炭素濃度を感知して自動車のエンジンを停止する装置の導入。排気ガスの濃度を感知してエンジンを停止する装置。一酸化炭素による自殺を防ぐための、排気ガスシステムの開発。すべての自動車にエアバッグを装着させる。事故のときに人が外に飛び出さないようにするフロントガラスの開発。地下道で事故を起こさないようにするためのさまざまな装置の開発。高層ビルや橋でのフェンスやネットなどの設置および自殺多発場所でのＳＯＳ電話の設置。
③武器／銃の安全グリップ（左手用）。銃の保管場所での武器法の規制の遵守。銃器を扱う職業従事者の自殺リスクへの配慮を行うこと。自殺行動を起こそうとする人の銃へのアクセスを防ぐこと。具体的には銃の保持に不適切な人の報告義務、うつ病や自殺の危険のある人への銃保持の監視の強化。
④薬物の処方／より毒性の少ない薬の処方、処方の量やパッケージに配慮すること。医師の注意深い処方と患者の管理。自殺の危険のある人に対する中毒性のある薬物の処方の制限。

9　自殺学に関する知識を増加させる

自殺学および自殺予防学に関する研究を進展させることが重要である。

データベースの構築　自殺予防を公衆衛生学的課題として分析するためには疫学的モニターが重要である。そのためには自殺予防に関するデータベースの構築が必要である。自殺行動のみならず、自殺の社会的、医学的、経済的、地理的なデータの蓄積が必要となる。次のようなデータベースが必要である。

①スウェーデンの自殺および自殺未遂のデータベース。これには年齢、性、婚姻状態、国籍、自殺方法、地理情報、社会的心理的条件などが含まれるべきである。

②ヨーロッパの自殺とくに比較を行うために北欧諸国のデータベースが必要である。

③スウェーデンや北欧諸国の研究の現状に関するデータベース。研究者、研究プロジェクトと生物学的データや個人の特徴などのデータ。

④あらゆる科学的・疫学的な論文・書籍・報告書のデータベース。とくに自殺手段と方法に関するもの（最初はスウェーデンの文献、ついで北欧の文献）

⑤保健医療サービスのデータにもとづく自殺予防対策の進展に関する質の保証を行うためのデータベース。

情報　開始されたプロジェクトのために、文献の要約と現状の疫学的情報が必要である。疫学情報は郡や県のレベルの自殺未遂者や自殺企図行動の解析を含む。集められた情報は出版で広める必要がある。

研究機関　スウェーデン議会は研究のための新たな組織として、国立心理社会的要因と健康に関する研究所・自殺研究予防ユニットを立ち上げ、ストックホルム郡自殺予防研究評議会センターの下に所属させた。

具体的な対策としては次のようなことが行われている。

①研究資源の確保／研究評議会のなかで自殺予防研究を優先させること。データベース構築の作業を行うこと、自殺予防研究センターへの支援。

②国立の専門センター／自殺予防研究センター

・学際的な研究の推進

・自殺学におけるさまざまな概念を開発し、研究や臨床的実践、現場での討議に役立てる。

・自殺予防に関する公衆衛生学的研究を発展させ、一次予防、二次予防の実行と評価に役立てられるようにする。

・保健医療サービスや学校などの集団の場での評価方法を開発すること

・自殺予防対策を企画、開始、評価する方法を開発する

・官民のネットワークを構築すること。とくに国立公衆衛生院や保健福祉局とのネットワークの構築

・自殺行動を起こした人の診断、治療、予防に関する情報を当局やケア担当者や公的部門に提供

すること

・目標設定型の情報の基盤を確立し出版すること

③その他の研究／疫学、医学、自然科学、行動科学、社会科学、人間科学、宗教学、言語学の各領域での研究を進めること。また、すでに行われている精神医学領域の研究（カロリンスカ研究所で行われている）をさらに進めること。

10　必要であれば法律や規制を改正すること

法律や法令などで定められている規制は自殺予防に重要な役割を果たす。例えば、保健医療法規、アルコール依存症に対する政策、薬剤の処方や銃規制に関する法規などである。国家当局は適切に法令の状況をモニターし、必要な改正などを行う必要がある。

（9）サブプロジェクトの紹介

スウェーデンにおける自殺予防プロジェクトをよりよく理解するために、具体的なサブプロジェクトを二つ紹介する。学校教育における自殺予防プログラムと職域における自殺予防プログラムである。

1　学校教育における自殺予防プロジェクト

二〇〇一年に出版された「学校における自殺予防ガイドライン」を見てみたい。自殺行動を起こす生徒にどう対応すべきかが、プリベンション（一次予防）、インターベンション（二次予防）、ポストベンション（三次予防）の観点から、学校内および学校外に分けて示されている。

学校内での対策

一般的なプリベンションとして、自殺行動を起こす生徒への事前の対応として、五つの事項があげられている。

1　学校職員自身のメンタルヘルスを良好にすること
2　生徒の自尊心を高めること
3　学校内の喧嘩や暴力を防止すること
4　感情的な表出を行わせるようにすること
5　心のケアサービスに関する情報を提供すること

インターベンションとして、自殺のリスクが確認されたときにどう対応すべきかについて、三つの事項があげられている。

1　学校の教職員のスキルを向上させること
2　学校医、学校心理士、学校看護師、ソーシャルワーカーに特別な訓練を行うこと

3　心理的に落ち込んだ生徒や自殺行動を示す生徒の周辺から自殺手段を取り除くこと

ポストベンションとしては次の二つの事項があげられている。

1　自殺未遂や自殺行動を起こした生徒については、適切な専門家に相談、受診させること

2　自殺や自殺未遂の事実を学校教職員や同級生に伝えること。これは群発自殺を予防することが目的である。

学校外での対策

プリベンションの対応としては大きく三つがあげられている。

1　地域での対応

・人びとの自殺予防に対する啓発普及活動を行うこと

・精神障害や自殺に対する偏見を減少させること

・ネットワークを構築すること

2　ソーシャルワーカーの役割　学校と地域の両方の場における自殺予防チームに所属して、自殺予防のキーパーソンとなる役割を果たす。フランスのＳＥＰＩＡがその例である。

3　家族の支援　普通の家族とリスクの高い家族では異なる支援を行う。

インターベンションとしては、医療機関や救急医療機関が自らの置かれた状況で最適のサービスを提供することがあげられている。

ポストベンションとしては、四つの事項があげられている。

1　地域や団体組織において自殺問題に関する意識を高めること
2　メディアの意識を高めること
3　ポストベンションに重要な役割を果たす人の意識を高めること。すなわち、学校教職員、同級生、両親や家族、友人などに十分な情報提供を行うことである。
4　カウンセリング／学校教職員や友人に対するグリーフ・カウンセリングがなされる必要がある。

以上、見たように、スウェーデンでは学校の場での自殺予防対策が進んでいる。その具体的な成果があがっているかどうかが気になるところである。カロリンスカ研究所のワッサーマン博士は具体的な成果をあげたプログラムを紹介している。それによると、二〇〇一年に生徒と学校関係者を対象とした自殺予防教育プログラムを教育綱領に盛り込む決議がなされた。これを受けて、アメリカのフロリダ州のプログラムを参考に、「ライフスキルプログラム」という自殺予防教育プログラムが開発された。このプログラムは十四～十七歳の生徒を対象に、メンタルヘルスの知識に関する講義とストレス対処方法を実習する心理劇からなっている。このプログラムをストックホルムの一〇〇〇人の生徒を対象に実施したところ、自殺未遂率が有意に低下し、周囲の大人とのコミュニケーションは有意に増加した。

2　職域における自殺予防プログラム

自殺予防に関わる地域の精神保健スタッフへの教育プログラムがある。スウェーデンの精神保健医療スタッフとしては、精神科医、ソーシャルワーカー、心理士らが一つのチームを作っている。これらのスタッフを対象として、技術の向上と職務の明確化、緊張関係の解消、専門家意識の向上、スタッフ個人の精神的健康の向上をめざした教育プログラム（二〇〇時間）が実施されている。プロジェクトの結果、スタッフの職務役割が整理され、チーム内の緊張関係が減り、結果として患者とその家族からの期待についての理解も深まったと報告されている。

(10) スウェーデンの自殺予防対策の特徴（要約）

スウェーデンの自殺予防対策は一九九〇年代前半から始められた。自殺率が増加している時期ではないにもかかわらず、世界的動向に対応する形で国家レベルの自殺予防対策が立てられることになった。自殺予防のモデルとして三側面モデルが採用され、一次予防、二次予防、三次予防のいずれにも目を配ったものとなっている。スウェーデンの自殺予防対策では、生きる意味や実存的な議論をすることも含まれている点が特徴といえる。安楽死についてどう考えるかという議論も、自殺予防の議論を俎上に乗せるということである。また自殺手段の規制について細かい分析を行っている点や、学校における自殺予防対策が充実している点が特徴である。しかし、高齢者に対する対策が、フィンランドと同様に若者ほど充実していない点は難点といえる。

（本橋豊）

〈トピックス〉

ゴットランド研究

国家自殺予防プロジェクトが始まる前の一九八〇年代に、スウェーデンのゴットランドという地で、開業医を対象としたうつ病教育プログラムを実施したことによる、二次予防的な自殺予防プロジェクトが組まれたことは自殺予防の先駆的業績として広く世界に知られている。

ゴットランド研究は、バルト海に浮かぶ島であるゴットランド島にて行われたうつ病治療による自殺予防介入研究であり、具体的な研究は次のようにして行われた。一九八三年から一九八四年にかけて、「スウェーデンうつ病予防・治療委員会」はこの介入を行うことを決定した。一九八二年をベースライン値とし、介入後の一九八五年を評価年として設定した。具体的な介入方法としては、一般医に対してうつ病治療の教育プログラムを実施した。教育プログラムは二日間で行われ、うつ病の診断や治療、自殺学、自殺の心理社会的背景、精神療法、家族問題といった内容が講義された。その結果、うつ病の入院治療患者はベースラインと比べて三〇%の減少を示した。これはうつ病患者に対して一般医が積極的に行うようにしたのである。一九八三～一九八四年にかけて行われた介入により、女性の自殺率は低下したが、男性の自殺率には変化が認められなかった。また、介入を中止して三年後の一九八八年に行われた追跡研究では、自殺率は再び上昇傾向を示した。以上の結果は、一般医をうつ病の初期治療に巻き込むことによって自殺率は低下するものの、介入が終了すると効果は失われるということである。ゴットランド研究では、地域住民のうつ病や自殺予防に対する一次予防的な介入は行われておらず、疾病モデルによる自殺予防の事例と考えられる。疾病モデルは有効ではあるものの限界があり、その限界は地域住民をプロジェクトに巻き込んでエンパワメントを図るという視点が欠如しているためではないかと推察された。

（本橋豊）

第十章　フランスの自殺予防対策

（1）フランスという国の概要

フランスは西ヨーロッパに位置する六角形の形をした国土をもつ人口約六〇七〇万人（二〇〇一年現在）の共和制国家である。面積は日本の約二倍であり、人口は日本の約半分である。また、レユニオンなどの海外県や、ニューカレドニアなどの海外領土もある。宗教はカトリックが約八割である。首都はパリ（人口約二一二万人）で、パリの緯度（北緯四八・五度）は札幌市より高いが、暖流の影響のため比較的温暖で四季がはっきりしている。南仏に行くと、温暖な気候でヨーロッパ人の避寒地として有名なくらい冬も穏やかである。

デュルケームの『自殺論』（*Le Suicide*）は一八九七年に公刊された彼の代表作で、三九歳のときに執筆されたものである。副題に「社会学的研究」とあるように、この本は社会学の視点から自殺という現象を詳細に検討したものである。近年、公衆衛生学の分野で社会疫学（social epidemiology）という学問が盛んになってきたが、社会疫学者たちが言及する社会疫学の古典のひとつがこの『自殺論』である。一〇〇年以上を経過して、なおその影響力が残っているという意味でまさに古典という名に値する書物である。自殺という現象を複雑な当時のフランス社会との関わりで分析するというデュルケームの学問的手法の斬新さはいまなお失われていないような気がする。十九世紀の世紀末のフランス社会というきわめて限定された状況の分析であり、現在のわれわれからみれば不十分な論考があるのは確かだが、科学的に事実を分析してから対策を、という発想の原点はここに求められるだろう。

二〇〇二年にパリを訪れた際に、カルチエ・ラタンのサンミシェル広場近くにあるジベール・ジョゼフ書店にてフランス大学出版社刊の赤い表紙の『自殺論』を買い求めたが、社会学のコーナーに『自殺論』は重ねて売られていた。この事実はパリ大学の学生達がいまなおこの書物をきちんと読むという伝統があることを示していた。

フランスは自殺学の発祥地であるにもかかわらず、自殺予防対策の国家レベルでの対応は北欧に比べて遅れをとった。自殺予防対策を始めとするヨーロッパの健康政策はＷＨＯの政策提言を受けて行われることが多い。大国フランスはＷＨＯの提言を受けて対策をただちに開始するという身軽さがないせいかもしれない。フィンランドなどが一九八〇年代にＷＨＯの「すべての人に健康を」などの動きに素早く対応したのとは対照的である。遅ればせながらフランスの自殺予防対策が国家レベルで動き始めたのが一九九〇年代後半になってからである。

次節で詳しく述べるが、フランスの自殺率は第二次大戦後大きな変動がなかったが、一九八〇年代に増加傾向を示した。このことと関連して、一九八〇年代のフランスの政治動向に簡単に触れておくことが必要であろう。フランソワ・ミッテラン氏が大統領に選出され社会党政権が誕生したのが一九八一年五月である。当時、イギリスではサッチャー首相がアメリカではレーガン大統領が政権の座にあり、「小さな政府」をめざす壮大な社会実験がなされていたが、フランスでは「大きな政府」をめざすミッテラン氏が大統領になり、英米とは対照的な政治状況を迎えていたことになる。政権の座についたミッテラン大統領は、当初、電気公社や化学企業などの大企業の国営化を図り、地方分権を進め、死刑廃止やホモセクシュアル合法化などの社会の近代化政策を進めた。インフレ増大と失業増大という経済的課題に対して、ミッテラン大統領はケインズ政策を柱に据えて政策運営を進めたが、インフレ増大と失業者の増大のいずれも有効に抑えることはできなかった。その結果、一九八〇年代半ばまでに失業者は増加し、二〇〇万人にも達した。この時期に一致してフランスの自殺者数は増加傾向を示している。その後、ミッテラン政権は緊縮財政に転じるが事態は好転せず、一九八六年三月の保革共存政権時代（コアビタシオン時代）へと移行し、保守の共和国連合党首のジャック・シラク氏が首相となり、内政の舵取りをすることになった。シラク首相は自由競争原理を重視するネオリベラル路線へと政策転換して、フランス左翼政権の実験は終了した。

個人的な感想になるが、コアビタシオン時代の始まった一九八六年に私はパリに留学しており、コアビタシオンという奇妙な政治状況に驚いた。革新の大統領と保守の首相という政敵である両雄が並立して政権運営を行うという状況は大統領の任期（七年）と国民議会議員の任期（五年）が一致しないというフランス第五共和制の政治制度のなせるものであった。コアビタシオンには同棲、すなわち正式でない婚姻関係のニュアンスもあり、本質的に相容れない政敵の不安定な関係を暗示していた。教育改革の混乱でストライキが起きたり、パリ市内の映画館が外国人テロ組織により爆破されるなどの事件が頻発し、社会的不安が高まった時期でもあった。しかし、政策運営の失敗にもかかわらず、ミッテラン大統領の国民的人気は高く、政治風刺新聞として有名な「カナール・アンシェーネ」誌では「トントン」という馴染みやすいあだ名をつけられ、風刺漫画に登場していたのが印象的であった。

ミッテラン大統領の退陣後、親日派のシラク氏が大統領に就任し、ヨーロッパ連合（EU）の主要加盟国としてEUの牽引役となっている。

（2）フランスの自殺と自殺未遂の現状

フランスはいうまでもなく、デュルケームの『自殺論』を生み出した国であり、自殺問題に対する関心はもともと深い国である。しかし、国家レベルの自殺予防対策が現れたのは一九九〇年代に入ってからであり、北欧諸国と比べるとやや出遅れたという感もある。一九九〇年代後半からは地方レベルで自殺予防の取り組みが進み、二〇〇〇年に入ってからは国家レベルの自殺予防対策も立てられ始めた。フランスでは年間約一万人が自殺し、約一六万人の自殺未遂者がいるというのが衛生統計上の数字である。しかし、実際には統計上表れない自殺者がいるといわれており、自殺者数はさらに二〇〇〇人ほど多いのではないかと推測されている。

第二次世界大戦後のフランスの自殺率の推移を見てみると、一九五〇年から一九七〇年にかけては男女とも大きな変動はなく、男性は人口一〇万対三五前後、女性は人口一〇万対一〇前後の値で推移してきた。一九七〇年代後半からは自殺者は増加傾向を示しはじめた（図1参照）。一九七五年から一九八五年にかけては三八%もの自殺者数の増加があり、その増加は若年男性のものであった。一九八五年からは自殺者は微減したものの、一九九〇年代の男性の自殺率は一九七〇年代と比べれば、高止まりした形で男性四〇（人口一〇万対）、女性一二（人口一〇万対）前後で推移している。

年齢別の自殺率を見ると、四〇歳までの若年男性および若年成人男性の自殺率が高いことが特徴である。また、七〇歳以下の人口において、特定死因を除いた平均余命の伸びで見ると、自殺は悪性新生物、循環器疾患についで、三番目に平均余命の伸びを低下させる死因ということになる。したがって、フランスの自殺予防対策においては、若年者をターゲットにした自殺予防対策が重視されている。

自殺未遂については、統計で見ると、男性よりも女性の方が二倍も自殺未遂が多いと報告されている。自殺未遂者全体の内訳では、三分の一が二五歳未満であり、七割が十五歳から三四歳である。性別に見ると女性の自殺未遂は一〇〇〇人あたり五人であるのに対して、男性の自殺未遂は一〇〇〇人あたり二人であると報告されている。一九九三年に一万二〇〇〇人の高校二年生を対象に行われた国立保健医学研究所の全国調査によれば、男子生徒の五％、女子生徒の八％がこれまでの人生のなかで自殺未遂をしたと答えている。そして、自殺未遂を起こした者の五人に一人しか病院には入院していなかった。さらに、自殺未遂者の三分の一が自殺未遂を繰り返し、その半数が初回の自殺未遂の翌年に自殺未遂を起こしたという。

このような調査結果を受け、若年者の自殺未遂は深刻な問題であり、早急な取り組みが必要であるとの認識がもたれた。

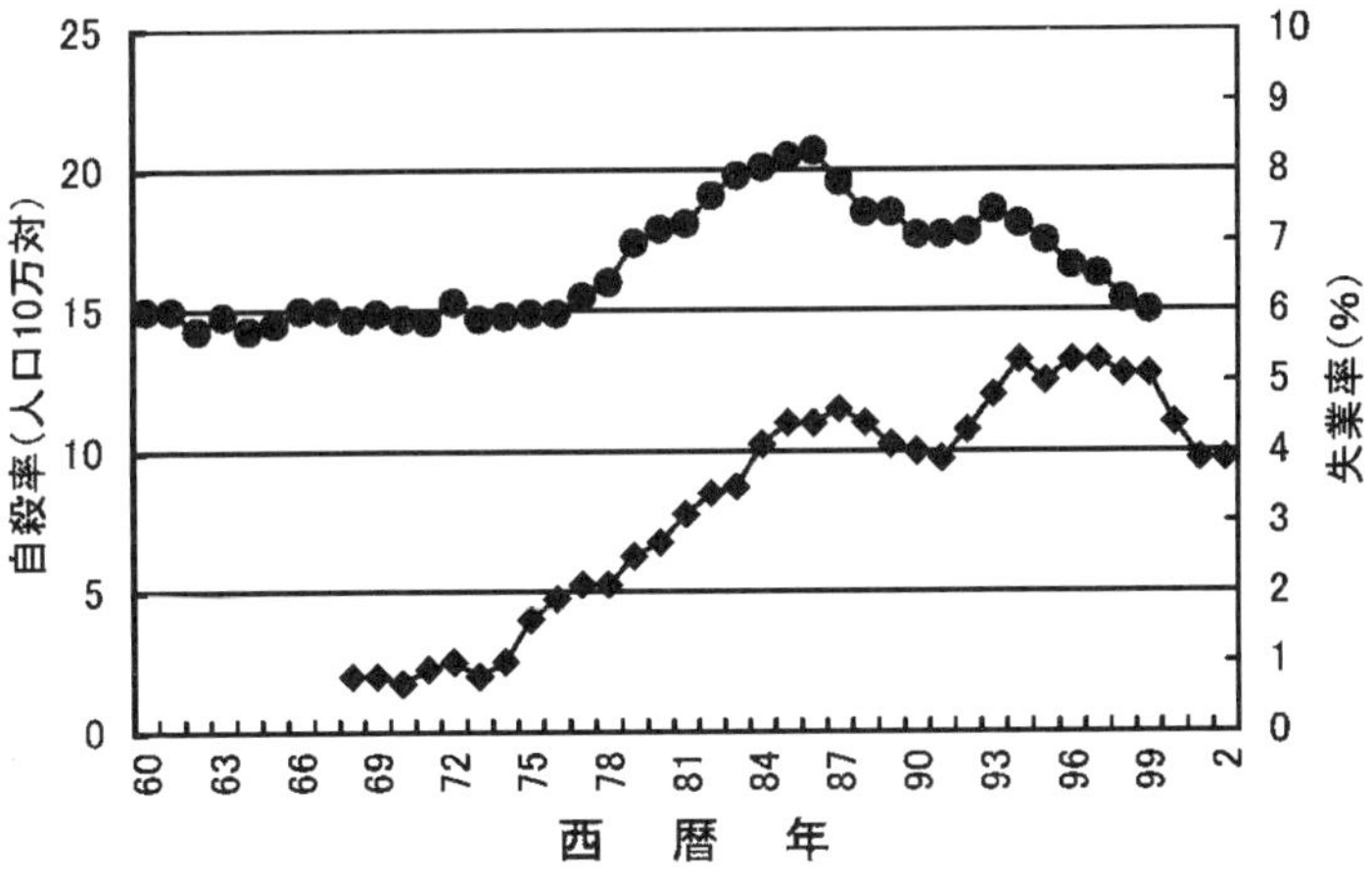

図1　1960年から2002年までのフランスの自殺率（●）と失業率（◆）の推移。1980年代前半に自殺率の上昇が認められ、それは失業率の推移とほぼ平行していることがわかる。（本文参照のこと）

（3）フランスの自殺予防対策

1　一九九二年から一九九九年までの国家自殺予防プログラムおよび地方自殺予防プログラム

国家レベルで自殺予防の問題に関心が寄せられはじめたのは、一九九二年の経済社会評議会が次のようなコメントを出したことによる。「自殺は公衆衛生の重大な原因であると宣言されたことはいまだかつてないが、行政やメディアが優先的に取り組んでいる他の精神疾患のどれよりもその影響は重大である」。一九九三年には、経済社会評議会は自殺問題を正面から取り上げ、最終的には死につながってしまう生の苦しみと捉えて行政や世論を突き動かすことにした。その後、一九九四年には公衆衛生高等委員会は自殺を公衆衛生の優先事項として位置づけた。一九九五年から一九九七年にかけては、二六地域の代表が集まって公衆衛生地方会議が開催され、「自殺とうつ病」を優先取り組み事項とした。そして、二六の地方のうち、一一の地方で自殺予防に関する地方プログラムが作られた。一九九六年には第一回全国公衆衛生会議が開催され、自殺予防を公衆衛生の一〇の優先領域のひとつとして位置づけた。このような流れのなかで、一九九七年には自殺予防国家プログラムが決定され、一九九八年二月に正式に公表された。このプログラムでは一般目標として「フランス全国で自殺死亡を一万人以下に減らすというシンボル的な目標値」が設定された。

このプログラムは全国医療評価認証機構の支援のもとに保健総局が実行することになり、同時に十数カ所の地方で地方自殺予防プログラムが開始された（文献1）。

これらの地方自殺予防プログラムの評価は、全国プログラムの財源を支出している全国勤労者疾病金庫の財政援助のもとで実施することになった。一九九九年七月には、保健総局が全国衛生監査局連盟に地方自殺予防プログラムの評価を依頼した。全国衛生監査局連盟が実施した評価結果を要約すると次のようになる。

1　地方ごとに自殺予防プログラムの実情には相違があり、取り組みが進んでいる地域と全く進んでいない地域があった。

2　自殺予防の行動計画は以下の三つの類型に分けられた。

・自殺予防対策ガイドおよび自殺予防対策リストの作成（シャンパーニュ・アルデンヌ地方、ブルターニュ地方、ロワール地方）

・専門家や関係者の人材育成と情報提供（ブルゴーニュ地方、バス・ノルマンディ地方、ポワツー・シャラント地方）

・部門間の連携の強化（フランシュ・コンテ地方、ローヌ・アルプ地方）

具体的な地方自殺予防プログラムとして、フランス北西部のバス・ノルマンディ地方の事例を取り上げて説明する。バス・ノルマンディ地方の中心都市はカーンで、ノルマンディ上陸作戦の海岸地帯やシェルブールもこの地域に含まれる。バス・ノルマンディ地方では「自殺、生きることへの叫び」という標語を掲げて地方自殺予防プログラムを進めた。プロジェクトは一九九五年から二〇〇〇年までの計画であった。自殺予防プログラムは一九九六年の地域保健計画のなかで位置づけられた。地域保健計画の一般目標として、自殺の一次予防、自殺未遂者へのケア、自殺に関する知識の啓発普及、人材育成があげられていた。プロジェクトは地域健康福祉局により推進され、部門を越えた協力が掲げられた。さまざまな職種の専門家の育成と情報の共有化のための施策が実行された。このように、バス・ノルマンディ地方では、「自殺の一次予防の課題に対処できる人材の育成と自殺行動を起こした者へのケアの障害を取り除くこと」に重点が置かれた。時間を追ってバス・ノルマンディ地方の自殺予防プログラムの進展を見ると、一九九五〜一九九七年には具体的な対策の実行と総括、一九九八年には自殺予防デーのイベントの実施、人材育成セミナーの評価などの事業を行い、二〇〇〇年七月に最終報告書を出した。

また、フランス東部のフランシュ・コンテ地方（中心都市はブザンソン）では、「若者と高齢者のうつ病と自殺」に関するプログラムをかかげ、一九九八年から二〇〇三年にかけて地方プログラムを開始した。この地方では、身体的健康、精神的健康、社会的健康に関わるさまざまな専門家が地方ネットワークの形成に力をそそぎ、自殺予防のターゲットとした若者の自殺予防対策に役立てるようにした。

一九九八年には地元の専門家がプロジェクトへの関心を示し、ネットワークを形成した。しかし、一九九九年は行政当局へのネットワークの承認作業が遅れたために具体的な方策の進展はなく、二〇〇〇年になってようやく「いのちの電話」が機能し始めた。しかし、ネットワークを維持するための

表1　2000年から2005年までのフランスの国家自殺予防プログラムの戦略

①　自殺のリスク要因に関する調査研究を充実させ、予防を推進する
②　致死的な自殺の手段へのアクセスを減少させる
③　自殺危機に対するケアの改善
④自殺の疫学について知ること

政治的関与と財源の確保がスムースにいかなかったために、ネットワーク運営は必ずしも順調なものとはいえなかった。

2　二〇〇〇年から二〇〇五年までの国家自殺予防プログラム

地方自殺予防プログラムの評価をふまえて、二〇〇〇年から二〇〇五年までの国家レベルの自殺予防対策が組まれることになった（文献2）。この自殺予防プログラムの目的は、自殺予防を通じて、自殺者の精神的苦悩に答えられるようにすること、若年者とその家族に対する支援対策を形成すること、ケアの質を向上させること、自殺問題に関与する多くの人びとの努力をうまく調整することである。

二〇〇〇年から二〇〇五年までのフランスの国家レベルの自殺予防プログラムは表1に示すように、四つの柱からなっていた。

それぞれの戦略について、もう少し詳しく見ていくことにする。

①自殺のリスク要因に関する調査研究を充実させ、予防を推進する

自殺予防の専門家は自殺危機のリスク要因を評価する共通の手段をもつべきであり、このようなコンセンサスを得るために、二〇〇〇年十月に会議が開催された。会議の出した結論は、すべての地域で多職種の専門家を組織すること、

さらに自殺危機に直面した悩みを抱える人の相談窓口を増やすべきである、ということであった。以上を踏まえて、成人や若者を対象とする相談窓口および相談体制を改善しネットワークを構築すること、自殺のリスク要因に関する調査研究の提言にもとづき、自殺危機に対する介入機関をつくり、治療とケアに当たらせること、が方策として考えられた。

②致死的な自殺の手段へのアクセスを減少させる

どのようにして薬物・毒物の入手を制限するか、銃や鉄道へのアクセスを減少させるかなどについて、国の支援による研究を行うことが必要であるとの見解が示された。

③自殺危機に対するケアの改善

全国医療評価認証機構は一九九八年に「自殺未遂を行った青少年の入院」に関する勧告を行った。全国の一二カ所の病院に対して自殺予防の臨床に関する事情聴取を行い、勧告を行った。第一に、自殺未遂者に対する入院医療の内容を改善し、単なる身体の治療だけでなく、心の治療にも十分な配慮をすることである。第二は、病院の救急部門と開業医やいのちの電話などの外部団体との連携を強化することである。第三は、入院の継続性と包括性を保証することである。

また、一次予防的観点から健康教育の充実を図ること、病院の外で活動している開業医やボランティア団体などの実践活動の指針を定めること、遺された家族や友人に対するケアを行うことなども対策としてあげられている。さらに、地方自殺予防プログラムを推進することもあげられている。

④自殺の疫学について知ること

自殺に関する統計を整備し、一般集団の自殺率がどうなっているかを明らかにする。自殺統計を包括的に取り扱うセンターをつくる。疫学的な研究を推進する。また、病院や開業医が関わる自殺未遂者の情報を収集すること、一般人に自殺に関する基本的知識を身につけさせるようにすることなども対策としてあげられている。

3　二〇〇五年からの国家自殺予防プログラム

新たな国家自殺予防プログラムは地方の自殺予防プログラムを参照して、保健総局の指導のもとに、地域の活動主体を重視する形で策定された（文献3）。プログラムの目標は以下の五つである。

①国家レベル、国際レベルの自殺予防に関わる自殺のリスク要因と具体的対策をよく知ること。
②自殺予防に関して地方で取られたすべての対策をよく認識すること。
③自殺行動に至る以前の危機介入ポイントをよく認識すること。これは新たな自殺行動を決定する行動のリストは存在しないからである。
④自殺予防のために取られるすべての具体的対策を評価すること。評価することで、対策の効果と妥当性を十分に認識することができ、より効果的かつ影響が大きい新たな対策を開発することにつながるのである。
⑤自殺予防に関わるすべての人びとの間で情報交換と情報交流を促進させる。

自殺予防に関わる関係者として、国家自殺予防プログラムは次の四つの作業グループと一つの運営委員会を定めている。

①プロジェクトグループ／一〇の自殺予防の地域プログラム責任者と、それぞれの地域で実際に活動に携わっている実践担当者からなる。このグループは具体的行動を起こすための組織である。自殺予防活動のモデル構築に参加し、いくつかの地域でこれを実践し、評価まで行うのである。参加している地方は次のとおりである。バス・ノルマンディー、ブルゴーニュ、ブルターニュ、シャンパーニュ・アルデンヌ、フランシュ・コンテ、オート・ノルマンディー、ロレーヌ、ペイ・ドゥ・ロワール、ポワトゥー・シャラント、ローヌ・アルプ。

②追跡委員会／研究所関係者、自殺予防に関する財団や協会関係者から構成される委員会である。この委員会はプロジェクトを支える役割を果たすものである。どのような対策を始めるかの選択を行う。

③学術委員会／自殺行動に関する専門家で構成される委員会である。この委員会は自殺行動の科学的知見を明らかにし、具体的対策を開始する際の提言事項の価値を評価する役割を担う。

④管理委員会／プロジェクトの管理運営と評価を行う専門家で構成される委員会である。この委員会は管理を行うことが役割であるが、プロジェクトの実行に関わり、その運営の主体となるとともに、その評価とプロジェクトの進行に関与する。

これらのグループは全国医療評価認証機構と連携した保健総局の指導のもとにある運営委員会により調整を受ける。

具体的な行動計画として示されたプログラムはいくつかの柱からなっている。

①自殺に至るプロセスの異なる時期でのモデル化

モデル化を行う目的は自殺予防関係者が共通の理解をもって全体的な支援を行うことができるようにすることである。これにより関係者間で意見交換を行い、他者の知識や経験を活かすことができる。

モデルの構築は既存文献の精査を行い自殺予防のリスクやプロセスを明らかにすること（第一段階）、科学的文献を分析し自殺予防の領域で具体的な対策を実現させ評価すること（第二段階）に分けられる。

②行動計画の試験的な実施

モデル化の作業と平行して具体的な行動計画を実施することが必要である。これには、国のレベルと地方のレベルの二つが考えられる。国家レベルの行動計画はすでに実施されているか実施間近である。

・若者の自殺企図者の再発防止のために、全国医療評価認証機構は自殺未遂後の入院医療改善に関する勧告を行った。その目的は自殺未遂者の退院を最適化することである。

・一般医が関与する自殺予防の実施主体に関する勧告が、フランス精神科医により作成されつつある。

・鉄道、地下鉄、銃器といった自殺手段の規制が必要である。フランス国鉄やパリ地下鉄公団との連携が求められるべきである。また省庁間の連携（例えば、保健省と内務省）も必要で、銃器の規制などにおいて対等の立場で仕事をすることが望まれる。

・自殺および自殺未遂に関する情報集積システムが、自殺の疫学の追跡研究をよりよくするために近く構築される。

③実施された対策の評価

評価は国家自殺予防プログラムにおいてきわめて大切である。なぜなら、自殺や自殺未遂の減少というプログラムが有効なものでなければ、プログラムを現場に浸透させ、実行することは困難だからである。すでに、地方自殺予防プログラムの評価は行われたが、国家プログラムを始動させるための急ごしらえのものであったため、今後あらためて評価を行うことが必要と考えられる。

さて、自殺予防プログラムが実施されたあとの見通しはどのようになっているのであろうか。国家プロジェクトの解説文書では次のような見通しが立てられている。

1　広く行われるべき、自殺予防対策に関する国の提言がなされる。

2　地方レベルでの有効な自殺予防プログラムのカタログが作られる。
3　自殺に至るプロセスごとに、介入のための具体的対策が示される。
4　自殺に至るプロセスが明らかになり、これに基づいて自殺予防対策が講じられるようになる。

（4）フランスにおける目標設定型健康増進政策と自殺予防の目標値

二〇〇五年七月、フランスの保健・連帯省は保健総局の正式文書として、「公衆衛生政策に関する二〇〇四年八月九日法にもとづく一〇〇の健康到達目標」を公表した（文献4）。二〇〇四年八月九日法とはフランス公衆衛生法典の健康政策の章に収められている法律である。この法律では多年度にわたる目標に基づいて公衆衛生政策を行うものと定めている（文献5）。そして健康政策の実行と評価に国が責任をもつべきことが明記されている。

この文書には酒、タバコ、栄養・運動をはじめ一〇〇の健康領域を設定して二〇〇八年までに到達すべき健康目標値が具体的に示されている。自殺は九二番目の項目として外傷のなかに記載されている。その具体的な数値目標は次のとおりである。

・自殺／全人口の自殺者数の二〇％を二〇〇八年までに減少させる（現在年間一万二〇〇〇人の自

殺者があるが、これを年間一万人以下にする、ベースラインデータは二〇〇〇年のデータ）。

フランスは自殺率が高い国に属する。自殺の手段は地方による違いが認められ、北西部地方では縊死が比較的多く、南部地方では銃器によるものが多く、イル・ド・フランス地方は薬物中毒が多い。これらの点も対策では考慮する必要がある。

自殺未遂者に関する指標やうつ病に関する指標を採用することは現在では難しいので採用しないとしている。

（5） フランスにおける民間の電話相談団体

国の対策とは別に民間の電話相談団体として次のようなものがある。わが国とはひと味違う活動を行っている団体もあるようなので、今後の参考になるかもしれない。

①赤十字電話相談窓口（Crioix Rouge Ecoute）

月曜日から金曜日まで、十時から二一時まで。週末は十二時から十八時まで対応。

②健康な若者達「そのことを話すことができる」電話相談（ＦＩＬ Sante Jeunes: "pouvoir en parler"）

八時から真夜中まで電話相談ができる。十人の医師、十七人の心理学専門家、二人のソーシャルワーカー、一人の学校カウンセラー、一人の法律家が対応する。一日三〇〇〇件の要請があり、五一〇件の電話を処理する。

③フェニックス自殺予防ＳＯＳ電話相談（Fondation SOS Suicide Phenix France）

一九七八年に設立された団体で、自殺しようとしている人や自殺念慮をもつ人を受け入れる。無報酬で継続的に相談を聞き、価値判断を避け、助言もしないというポリシーである。個人的な関係性および集団での参加を通じて、社会の関係性を回復させ、語る意味を見いだすことを目指している。

④親子のための灯台（Phare Enfants-Parents）

この団体は一九九一年に設立され、若者が自ら脱落していくのを防ぐことを目的としている。その活動は子供の不適応を予防することに向けられており、特に親への介入に向けられている。子供が不適応に陥る原因は、親が教育的態度を子供に対してとることにあるとの認識から「教育的な態度を改めること」という親向けのガイドを出している。この団体は市民向けの講演会などを企画するとともに、中学校や高校にも活動を広げている。高校生向けには「死にたいの？　敢えて語りなさい」というリーフレットを作成している。その目的は若者に自分の不適応を自覚させ、助けを自ら求めるという欲求を表在化させることである。また一九九三年以来、子供を自殺で失った親の心理的支援を実施している。

⑤友情のSOS電話相談（SOS Amitie）

一九六〇年に設立され、全国で四七の町に開設されている。この団体は二四時間の電話サービスを提供している。その目的は自殺の防止である。二〇〇〇人の無報酬のボランティアが心理学的な訓練を受けたのちに仕事に従事し、一年に約六万件の電話を受けている。そのうち五万件が自殺に直接関係するものである。

⑥自殺を考える人のための電話相談（Suicide Ecoute）

この団体は国際ビフレンダーズ協会のフランス支部であり、国際自殺予防協会の会員でもある。自殺行動を取ろうとしている人の悩みを聞くことを使命としている。二四時間継続してサービスを提供しており、五〇人あまりの無報酬のボランティアが仕事に従事している。人間的で、連帯感をもち、私心なく、指示的でないことがモットーである。また自殺に対する価値判断はしないようにしている。苦しみに直面しているのはあなた一人だけではないということを危機に直面している人に伝えようとするのが目的である。年間約一万四〇〇〇件の電話相談を受けている。

（6）フランスの自殺予防対策の現状のまとめ

フランスの国家自殺予防プログラムは、フランス語文献が中心で英語による解説がないため、わが国でその詳細を紹介する報告はなかった。今回は、フランス語文献を詳細に分析することで、フランスの国家自殺予防プログラムの動向を日本の読者に紹介することができた。

フランスの国家レベルの自殺予防対策が始まって十年余りになる。地方での自殺予防対策がまず始まり、それを受けて本格的な国家自殺予防プロジェクトが始まった。自殺予防に関する国家の数値目標も定められ、自殺予防の対策がようやく整備されてきたようである。地方レベルの自殺予防対策の進展がどうなるのかが、国家自殺予防プロジェクトの成功の鍵になるようである。今後の進展を注意深く見守る必要がある。

（7）フランスの自殺予防対策の特徴（要約）

フランスの自殺予防対策は一九九〇年代後半から本格的に始められた。一九九六年からは地方自殺予防プログラムが開始された。そして、地方自殺予防プログラムの評価が行われた後、二〇〇〇〜二〇〇五年の国家自殺予防プログラムが開始された。このプログラムでは四つの戦略が示された。すなわち、①自殺のリスク要因に関する調査研究を充実させ予防を推進する、②致死的な自殺の手段へのアクセスを減少させる、③自殺危機に対するケアの改善、④自殺の疫学について知ること、である。二〇〇五年からは、目標設定型健康増進政策の始動とともに、二〇%の自殺者数の減少という数値目標を設定した、新たな自殺予防プログラムが開始されている。

（本橋豊）

参考文献

1　FNORS. *Evaluation de 8 actions de prévention du suicide*. Paris, FNORS, 2002.

2　www. infosuicide. org. Programmes nationaux.（二〇〇二年九月）

3　Ministère du la Santé et des Solidalités du Gouvernement Français. *Prevention du Suicide*. www. sante. gouv. fr/htm/pointsur/suicide/index suicide. htm

4　Ministère de l'Emploi, de la Cohesion Socialae et du Logement, Ministère du la Santé et des Solidalités. *Indicateurs de suivi de l'attenetes des 100 objectifs du rapport annexé à la loi du 9 aout 2004 relative à la politique de sante publiqué*. Juillet 2005, Paris.

5　Le Service publique de la diffusion du droit. *Code de la Santé Publique*. Chapitre 1 er : Politique de Santé Publique. Paris. www. legifrance. gouv. fr/

第十一章　オーストラリアの自殺予防対策

（1）オーストラリアという国の概要

オーストラリアは南半球にあるオーストラリア大陸に位置する立憲君主制・連邦制の国である。人口は二〇〇〇万人弱であり、首都はキャンベラである。六つの州と二つの特別行政地域からなる。キャンベラは、行政上、オーストラリア首都特別地域にあたる。住民はイギリス系が最も多く国民の七七%を占め、その他にイタリア系、オランダ系、ギリシャ系などの住民もいる。少数民族としての先住民（アボリジニ、トレス海峡諸島民）は三〇万人弱である。宗教はキリスト教（イギリス国教会、カトリック、プロテスタントなど）が八〇%を占める。産業は農牧畜業が主たるものであるが、鉱業も重要である。

歴史的には一八二八年にイギリスの植民地となり開拓が進んだ。一九〇一年にイギリスから独立するが、イギリス国王・女王が国家元首と見なされ、その職務はオーストラリア総督が代行する。かつては白人優位の白豪主義をとり、有色人種の移民受け入れを認めなかったが、一九六〇年代からは脱却し、「文化多元主義」へと移行した。

自殺予防を含めて、健康政策を進めていくうえでつねに留意されていることは、少数民族への配慮である。オーストラリア原住民であるアボリジニとトレス海峡諸島民への健康上の公平性が保たれるような政策推進が求められている。

(2) オーストラリアの自殺の現状

オーストラリアの自殺死亡率は世界的にみれば決して高い方ではない。

二〇〇三年の統計データでは、男性の自殺者数は一七三六人(人口一〇万対一七・七)、女性の自殺者数は四七七人(人口一〇万対四・七)であり、男女合わせると二二一三人(人口一〇万対一一・一)であった。時系列で見ると、一九六〇年代には人口一〇万対一五・七と高い時期があったが、一九七六年には一〇・七まで減少した。その後一九九〇年代に入ると再び増加し、一九九七年には一四・六となった。二〇〇三年には一一・三となりやや減少している。

性・年齢別の自殺率（二〇〇三年）を見ると，すべての年齢階級で男性の自殺率は女性の二倍以上であり、男女とも三〇～三五歳に自殺率のピークがあることがわかる。したがって、オーストラリアの自殺予防対策の優先的なターゲットは若者にすべきであることが理解できる。また、六五歳以上になると、自殺率が増加傾向を示し、高齢者の自殺予防対策も重要であることがわかる。

（3）オーストラリアの国家自殺予防対策が策定された経緯

オーストラリアの国家自殺予防戦略は一九九九年から始まり、年間約一〇〇〇万AU$（一AU$＝八〇円として約八億円）の連邦予算が投入されている。この政策は，単に保健医療の領域に留まらない政府横断的な戦略として位置づけられている。自殺予防戦略の予算はオーストラリアの政府の規模としては大きいと考えられる。

オーストラリアの国家自殺予防戦略は、若者のための国家自殺予防戦略に起源が求められる。オーストラリアでは、一九八〇年代から青少年の自殺の頻発が問題となった。この時期の青少年の自殺率はOECD諸国の間では高く、一九九一～一九九二年度では一〇万人あたり二四・六と同時期の日本の一〇・一に比べても高かった。自殺の背景要因として、若者の高い失業率、広大な過疎地での頻度が高いこと、先住民や海外出身者に多いこと、があげられていた。

若者の自殺率が高い状況を受けて、連邦政府は一九九五年から一〇・四億円を投入する四カ年事業として若年自殺の予防対策を開始し、翌年にはさらに一四・四億円の予算を追加し若者のための国家自殺予防戦略に再編した。

この青少年を対象とした自殺予防戦略が一九九九年に全世代を対象とした国家自殺予防戦略に発展していく。同戦略の方針は二〇〇〇年に設立された国家自殺予防諮問評議会により定められた。評議会の構成は，二〇〇四~二〇〇六年度は十五人の評議会委員が最上位に、次に六人からなる地域・専門家フォーラム、その下に八つの地域委員会（六州と二地域）からなる。地域委員会は、地域住民組織、専門家、州政府および連邦政府の担当者により構成される。

国家自殺予防戦略は、国家レベルおよび地域レベルでの自殺予防対策を進めている。国家自殺予防戦略がめざすものは次の二つである。

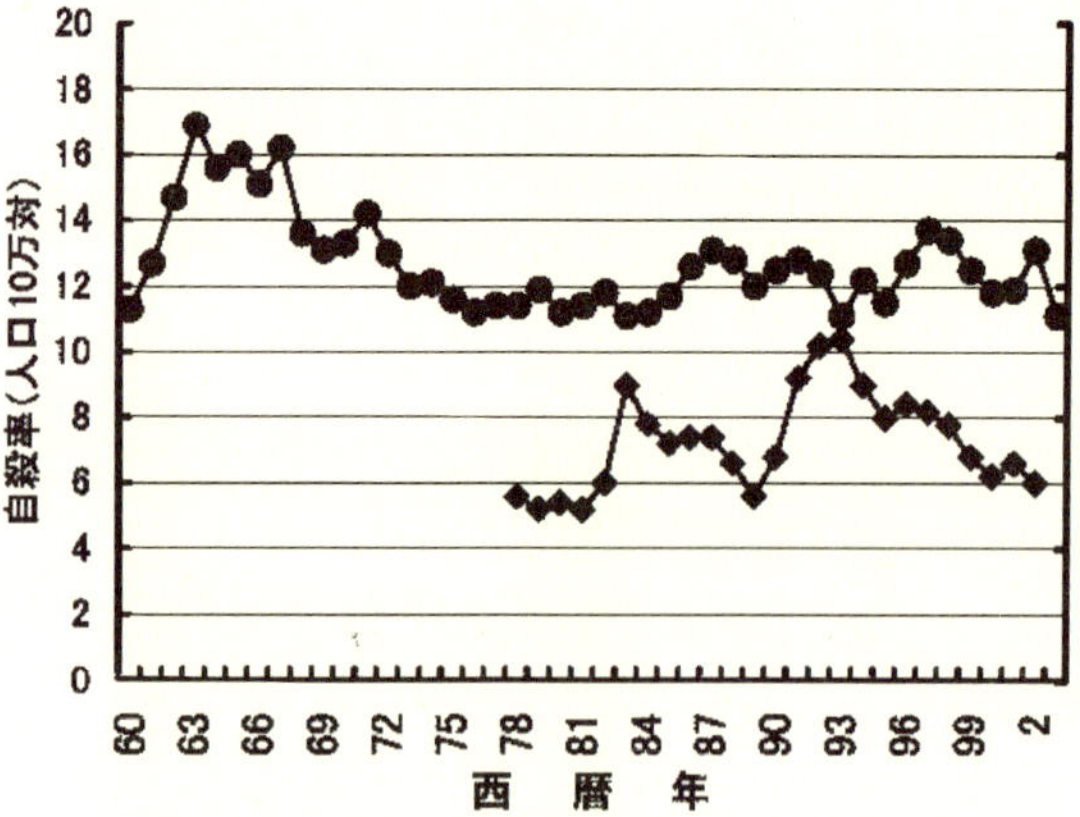

図1　オーストラリアの自殺率（●）と失業率（◆）の推移を示す。1960年代の自殺率は高かったが、1970 年代には低下傾向を示し、1980 年代後半から再びやや増加傾向を示した。最近は比較的安定しており、10万人あたり12人前後で推移している

1　全国のあらゆる世代の自殺予防活動を支援すること

2　地方政府、地域、ビジネスのあらゆるレベルにおいて、国あるいは地域全体の力で自殺予防戦略の枠組みを展開させ、実行に移すこと

国家自殺予防戦略はすべての年齢、階層（リスクの高い若者、田舎の住民、高齢者、薬物乱用者、囚人、田舎の地域、精神障害をもつ人びと、アボリジニ、トレス海峡諸島民などの先住民）を巻き込んでいる。戦略は自殺のリスク要因と予防（保護）要因に向けられた健康増進対策であることが強調される必要がある。

オーストラリアの国家自殺予防戦略はＷＨＯのヘルスプロモーションの理念が反映されている。すなわち、自殺予防戦略をヘルスプロモーションの立場から包括的に構築していこうとする姿勢である。オーストラリアの国家自殺予防戦略の概要を記す「ＬＩＦＥの行動領域」という報告書では、ＷＨＯのジャカルタ宣言（一九九八）に言及して

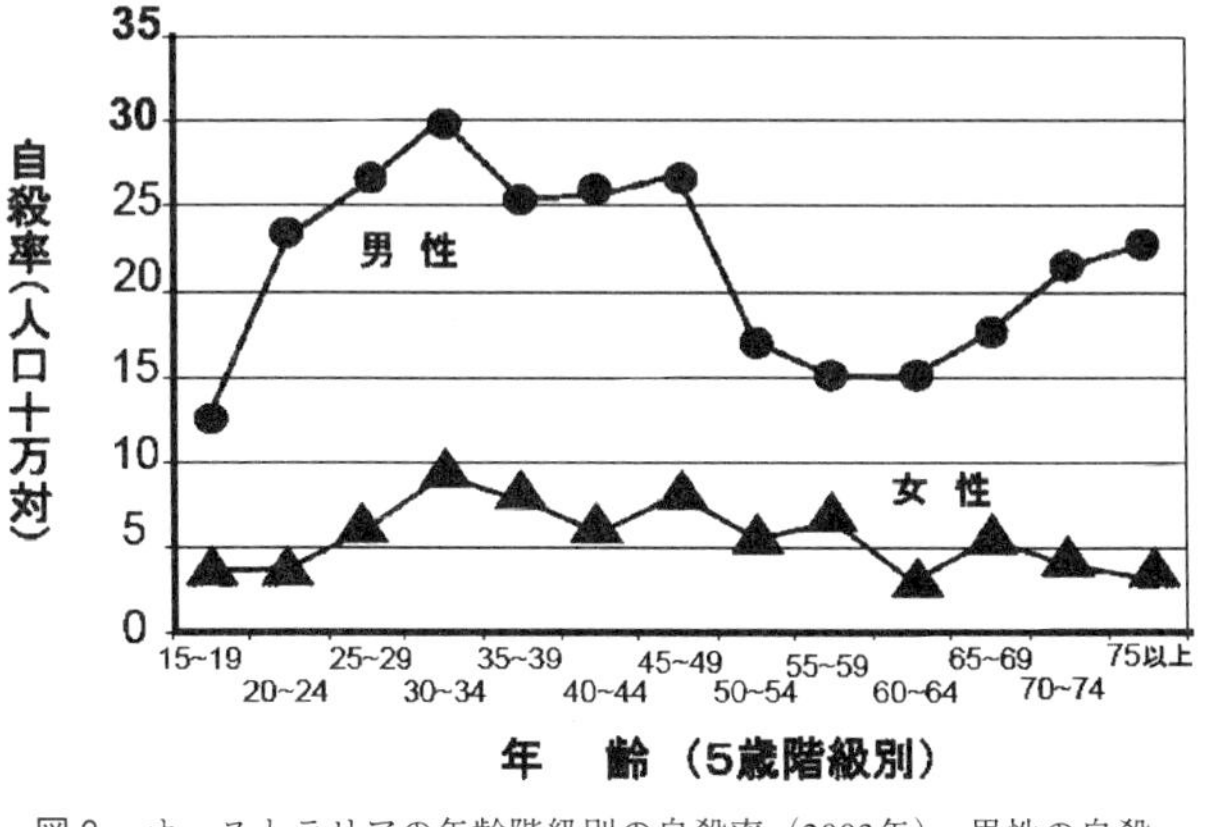

図２　オーストラリアの年齢階級別の自殺率（2003年）。男性の自殺率が女性の２倍以上あること、男女とも30～34歳の自殺率が最も高いことがわかる。

自殺予防戦略に触れている。ジャカルタ宣言では、さまざまな戦略を用いること、戦略の企画において標的となる対象集団を巻き込むこと、健康情報と健康教育へのアクセスを増加させることなどの包括的アプローチが示されているが、これらのアプローチはオーストラリアの自殺予防戦略に見事に取り込まれている。

さて、オーストラリアの自殺予防戦略の他の特色として、連邦政府レベル、州政府および特別地方政府のレベル、コミュニティおよび地方政府、の三つのレベルで自殺予防対策が組まれ、重層的構造をしていることである。国家自殺予防戦略は、他の二つのレベルの自殺予防戦略と協働しながら、あらゆる世代と全国をカバーすることを念頭に置いている。協働と交流はオーストラリアの自殺予防戦略のキーワードといえるが、これらを機能させる役割を担うのが、LIFEフレームワークである。また連携（パートナーシップ）は、国家自殺予防戦略全体を通じての重要なキーワードとなっている。

（4）「生きるとはすべての人のために生きること」（Living is for Everyone Framework）

国家戦略の基本的な枠組みは「生きるとはすべての人のために生きること」（LIFE フレームワーク）で示されている。LIFEとはLiving Is For Everyone の頭文字をとったもので、自殺予防・自傷予防のための枠組みである。この枠組みは若者の自殺予防のための国家自殺予防諮問評議会により作られた。自殺予防の推進のためには政府や地域のあらゆるレベルでの協力を含む多面的なアプローチが重要である、ということをもとに対策を進めてきた。

まず、LIFEフレームワークの目標としては、四つの目標が掲げられている。

1　すべての年代における自殺者数を減少させる。また、自殺念慮、自殺行動、事故・外傷、自傷を減少させる。

2　若者や家族や地域が困難な状況から立ち直る力、社会的資源を活用する力を増加させ、尊敬、人間の関係性、心の健康を強化する。そして、自殺のリスク要因を減少させる。

3　自殺や自殺行動により傷つけられた個人や家族や地域の人びとが利用できる支援を増加させる。

4　自殺予防に対してコミュニティ全体で取り組むアプローチを提供し、自殺とその原因に関する理解を広げる。

これらの目標を達成するためには効果的な自殺予防対策の介入が必要である。そこで、LIFEフレームワークは効果的な自殺予防対策に必要な原則として次の六つをあげている。

1　自殺予防は地域、専門家集団、非営利団体、政府機関などのすべての主体が責任を共有する。

2　自殺予防にはさまざまなアプローチが必要である。人口全体をターゲットとするアプローチから、特定集団やリスクをもつ個人へのアプローチまで含まれる。

3　自殺予防は科学的根拠にもとづく、結果重視の対策でなければならない。
4　自殺予防は地域と医療者を巻き込み、専門家も関わるものでなければならない。
5　自殺予防活動はそれを必要とする人びとがアクセスできるものでなければならず、サービスを必要とする人びとの社会的・文化的ニーズに応えるものでなければならない。
6　自殺予防対策は持続可能なものでなければならない。すなわち、地域へのサービスの継続性と一貫性が保証されなければならず、評価も組み込まれていなければならない。

自殺予防戦略の有効性を評価するために必要な評価指標として、ＬＩＦＥフレームワークは次のものを示している。

1　オーストラリア国民の自殺者数の減少
2　死に至らない自殺行動の発生頻度の減少
3　自殺行動の可能性のあるリスク要因の減少
4　自殺行動の可能性のある予防（保護）要因の増強
5　地域の力の増強（地域の力とは、公園などの物的環境、家や職場での健康的環境、公的・私的なサポート、社会文化的特徴、ソーシャル・キャピタルと人的資本、近隣環境の良好性、弱者への寛容などである）
6　国家戦略の方向性を支える自殺予防戦略の展開、研究、評価に関する投資を増やすこと以上を踏まえて、ＬＩＦＥフレームワークは自殺予防のために六つの行動領域を設定した。

1　オーストラリア全域にわたり、健康福祉、困難な状況から回復する力、地域の力を向上させる
2　オーストラリア社会全体で、自殺および自傷のリスク要因を減少させ、予防（保護）要因を促進させる
3　地域のなかのリスクの増加した集団に対して、サービスと支援を提供する
4　リスクの高い個人に対して、サービスを提供する
5　先住民（アボリジニとトレス海峡諸島民）との連携を行う
6　自殺予防と優れた対策の科学的根拠を蓄積する

（5）さまざまな国家戦略と国家自殺予防戦略の連携の強化

国家プログラムは自殺予防に関する科学的な根拠を蓄積することが優先的な課題である。自殺予防は精神保健の問題として捉えることが重要であり保健医療部門の役割は大きいが、それだけでは十分ではない。自殺予防は法律、学校、高等教育、社会福祉、研究、メディア、宗教団体、慈善団体、商

業関係者、ビジネス部門といったさまざまな部門にまたがる大きな広がりのある問題である。そのため、国は効果的な連携をはかりさまざまな団体の調整を行うことが自殺予防対策を継続させるために重要である。また、国のさまざまな部門で立案されている施策や対策を自殺予防と関連づけることも国の役割である。表1は国家自殺予防戦略と連携して行われている国のさまざまな事業が示されている。具体的な事業の内容まで記す余裕はないが、国家自殺予防戦略を保健医療部門だけに押し込めず、他の部門の政策と関連づけて広がりをもたせていこうという担当者の意欲が感じられる。

ここでは、うつ病のための国家行動計画について簡単に触れたい。

うつ病と自殺の密接な関係を考慮して、第二次国家精神保健計画において、うつ病が主要な課題として取り上げられた。さらに、精神保健に関する国家健康優先的取り組み分野として、重点がおかれた。うつ病のための国家行動計画は国、州政府および特別行政府、地方政府にいたるすべてのレベルで対策の枠組みを提供することを求めた。オーストラリアにおけるうつ病有病率を下げ、うつ病の社会的影響を小さくすることに力点が置かれた。また、メンタルヘルスリテラシーを向上させ、うつ病を予防し、早期介入と早期治療を行うことも対策に含んでいた。この行動計画はＬＩＦＥフレームワークとつながりをもち、とくにうつ病の啓発普及とハイリスク者の発見において両者の連携が求められた。また、「若者のうつ病のための臨床的実践ガイドライン」という本が作られ医療関係者に配布された。

表1　国家自殺予防戦略と連携しているさまざまな施策（文献5より）

（1）国家精神保健戦略、とくに「うつ病のための国家行動計画」
（2）国家薬物乱用戦略フレームワーク
（3）公衆衛生に関連した国家戦略：国家C型肝炎ウイルス戦略、非感染性疾患戦略、事故・外傷予防のための優先的国家行動計画、活動的なオーストラリア国民戦略、若いオーストラリア国民のための国家健康計画、子供と若者の健康政策など
（4）セクシャリティーと性の健康に関する戦略：国家エイズ戦略、先住民のための性に関する健康戦略、学校における性教育の国家フレームワーク
（5）先住民の健康福祉に関する国家戦略：国、州政府・特別地域行政府、アボリジニ・トレス海峡諸島民委員会、アボリジニ地域の健康部門などの、先住民の健康向上のための協定書（アボリジニやトレス海峡諸島民の自殺率は一般国民より40%も高い。そのため、これら先住民に対する対策が求められた。）
（6）田舎やへき地の人びとに対する戦略：過疎地域の人びとのための健康戦略
（7）プライマリケアと保健サービスとの連携：地域の人びとが最初に接触する一般医の研修や医療機関の連携など
（8）高齢者の戦略：高齢のオーストラリア人の国家戦略
（9）文化的・言語的に多様な人びとに関する戦略：オーストラリア異文化間精神保健戦略（戦争帰還者、心理的外傷を持つ人の自殺率は高い）
（10）家族と社会的健康に関する戦略：家族や地域をより強くする戦略
（11）ホームレスや児童虐待：施設援助プログラムとの連携
（12）家族法との連携：家族の絆が壊されることが自殺のリスク要因である
（13）犯罪防止と銃器規制の戦略：国家犯罪防止計画：安全なオーストラリアのために、家庭内暴力防止と早期介入プログラム、銃器規制
（14）若者と教育に関する戦略：マインド・マターズ（Mind Matters）、スクール・マターズ（ School Matters）（いずれも学校の心の健康づくりに関する戦略）
（15）所得援助に関する連携：センターリンク（Centrelink）との連携（ホームレスや失業者に対する支援を行うソーシャルワーカーや産業心理士のために教育研修を行う）
（16）雇用プログラムとの連携：国の雇用担当部局が失業者に対する支援を行うが、その際に精神保健や自殺予防に関する支援も行う
（17）ベトナム帰還兵：ベトナム帰還兵の子供の自殺リスクは高い。「ベトナム帰還兵相談サービス」として、ベトナム帰還兵の子供達へのカウンセリングなどを行う
（18）メディアとコミュニケーション：LIFEメディア推進戦略（報道のあり方）
（19）統計と情報：統計局との連携により自殺統計の正確な情報を把握する
（20）オーストラリア保健大臣会議とオーストラリア保健大臣諮問協議会：国家自殺予防戦略を推進するための調整、協働の機会を提供する

（6）オーストラリアの自殺予防戦略の展開

二〇〇五年三月、日本でオーストラリアに関する次のような報道が流された。「豪、自殺サイト運営に罰金……日本のネット心中きっかけ（YOMIURI ONLINE 2005.3.11）」これは、オーストラリアの連邦政府が議会にインターネット上で自殺を誘発するようなサイトを運営した者に対して罰金を科す内容を含む改正法案（二〇〇五）を提出したことを報じていた。折しも日本で若者を中心にインターネットで仲間を募り集団自殺をするニュースが多く報道されていた頃であり、日本の状況を受けたもののように捉えられたが、同様の法案は前年度も審議されていた。これらの法案はインターネットだけでなく、電子メール、電話、ファクシミリ、ラジオやテレビなどメディアと通信技術全般を対象としたものである。メディアを流れる情報に対して、日本よりは敏感であるように思われる。同様の例としては、オーストラリアでは自殺予防に関する情報がインターネット上で多く提供されているが、それらにアクセスすると、一般向け、児童向け、行政担当者向け、専門家向けなど、いずれであっても最上部、あるいは目立つ場所に、ヘルプラインの連絡先への案内が示されており、統一されたポリシーが見受けられる。その背景には政策としての自殺予防戦略がある。

国家自殺予防戦略の実際の展開は連邦政府が担当する国家プロジェクトと州政府が担当する地方プ

ロジェクトから成っている。連邦政府が展開する国家プロジェクトは、メディア戦略やインターネット、ヘルプラインの整備などを通した集団的アプローチにより住民の自殺への対処能力を高めることを目的としている。これらはＬＩＦＥフレームワークとしてまとめられている。ここでは、地域全体のアプローチとして行政、ＮＧＯ、地域グループと個人が協力して、自殺を予防し、自殺とその原因への社会の理解を深めていくことを重視している。

連邦政府は、州政府が展開する地方プロジェクトの、地域での具体的な事業に資金援助を行っている。これまでに一〇〇以上のプロジェクトに一六億円以上の予算を投入している。これらは主に、環境づくりのための地域対策、教育啓発のための戦略開発、先住民等のための地域づくりの三つの領域で展開されている。ＮＧＯなどがさまざまな対象者向けのプログラムを開発し、それに助成を行う形式である。

（7）国家自殺予防戦略のいくつかの具体的事業の紹介

連邦レベルでの自殺予防事業もいくつもが動いている。参考となるいくつかを紹介する。多くの事業は各種の団体に委託する形式で運用されているようである。

メディアに関する戦略（Mindframe）はメディアを対象とした事業である。精神疾患と自殺に関する報道が適切に行われるように放送業界と専門家、市民団体の協力のもと、報道内容のモニタリングや表彰、どのような報道を行うかの指針などのリソースの開発や普及を行っている。また、この事業のなかではメディア上での報道内容を監視する偏見監視プログラムも行われている。これは、メディア上での精神疾患と自殺に関する偏見へのプログラムで、出版物、テレビ、映画、広告、インターネットなどあらゆるメディアが対象となる。市民メンバーからの報告により問題のある内容がメディア上で見つけられると、発信元にどうしたら適切な内容となるのかを指摘するものである。これはオーストラリア統合失調症協会の活動として行われている。

若者と教育に関する戦略（マインドマターズ、学校における心の健康づくりのための資源）は学校の場で心の健康づくりを進める対策である。学校のなかで生徒の自殺の予防要因をいかに強化できるかに的を絞った対策である。生徒を支援し孤立させないようにする環境づくり、参加を促し、到達度を上げ、コミュニケーションを増やし、生徒の居心地をよくするカリキュラム、学校全体の状況をよくするために連携の推進が対策として考えられている。また、支援が必要な生徒、親へのアプローチなども行われている。

民間組織による電話相談への支援も行われている。「オーストラリアいのちの電話」と、子どもと青少年を対象とした「子どものためのいのちの電話」がある。「オーストラリアいのちの電話」は一九六三年設立の民間組織であり中央組織と全国四二の電話相談センターから構成されている。「子どものためのいのちの電話」は一九九一年と比較的最近に設立された子供と青少年（五～十八歳とうたわれている）を対象とした二四時間の無料電話サービスが中心だが、ウェブでのカウンセリングも行われている。ホームページによれば週一万件の電話があり、性的虐待やホームレス、自殺企図、薬物やアルコールの問題などさまざまな内容に対応している。最近になって、アボリジニとトレス海峡諸島民の子供を対象とした活動も始まった。

ヘルスプロモーションの視点に立った部門間協力の例として、センターリンク（Centrelink）での自殺予防活動への取り組みがあげられる。センターリンクは一九九七年に設立され、家庭・コミュニティ省が所管する、退職者、求職者、学生および青少年、障害者・傷病者、要介護者、家族などに各種のサービスの提供と手当の支給を行うオーストラリアの政府サービス機関である。自殺予防に関連して、二〇〇〇年からの一年間、国家自殺予防戦略のプログラムとしてセンターリンクに所属する五〇人のソーシャルワーカーと産業心理士を対象として自殺予防、リスクアセスメントと関連するメンタルヘルスの教育を行った。このプログラムは、センターリンクの利用者が精神疾患をもっていたり、自殺のリスクがあったり、自傷行為をしていたりする際の対処を向上させるものであった。その後は組織内で教育を継続している。センターリンクは精神保健サービスの提供者ではないが、精神疾患をもった人にサービスを提供する全国組織であることから、幅広い部門間協力の視点から自殺予防の戦略的なパートナーとして位置づけられている。

（8）オーストラリアの国家自殺予防戦略のまとめ

オーストラリア連邦政府の自殺予防戦略はヘルスプロモーションの理念にもとづいて保健医療部門だけでなく、広範な部門を巻き込んで実施されている。十分な予算の裏付けをもち、参加主体の連携を重視し、国・州（特別地域）・地方の三つのレベルで対策が重層的に作られていること、先住民への特別な対策も用意して集団間の公平性にも配慮している点が特徴的である。メディアや学校教育での取り組みが具体的に行われていること、多くの事業がＮＧＯへの助成で行われていること、多くの具体的プログラムが走っていることなど、わが国が見習うべき点も多いように思われる。今後、自殺予防戦略の評価がどのようになされるのかが注目される。

（9）オーストラリアの自殺予防対策（要約）

オーストラリアの国家自殺予防戦略は包括的な視野をもち、国、州・特別行政地域、地方のすべての三つのレベルで重層的な取り組みがなされているのが特徴である。うつ病対策という医学的側面だけでなく、法律、学校、高等教育、社会福祉、研究、メディア、宗教団体、慈善団体、商業関係者、ビジネス部門といったさまざまな部門にまたがる広がりのある問題として自殺予防の問題を捉えている。このような考え方は、公式文書のなかでＷＨＯのジャカルタ宣言に言及し、ヘルスプロモーションの立場から自殺予防戦略を遂行することを明言していることからも鮮明に示されている。また、オーストラリア先住民のアボリジニとトレス海峡諸島民への自殺予防対策にも言及し、健康上の公正さに配慮していることも特記すべ点としてあげられる。国家自殺予防戦略が大きな予算（年間約八億円）の裏付けで行われていること、ＮＰＯの活動へも手厚い助成がなされていることも特色である。

（金子善博）

参考文献

1　http://who.int/mental_health/prevention/suicide/country_reports/en/

2　Commonwealth of Australia. *National projects in mental health promotion and suicide prevention*, July 2005.

3　Commonwealth of Australia. *LIFE. A framework for prevention of suicide and self-harm in Australia.* Area for action. 2000

4　Commonwealth of Australia. *LIFE. A framework for prevention of suicide and self-harm in Australia.* Learnings about suicide. 2000

5　Commonwealth of Australia. *LIFE. A framework for prevention of suicide and self-harm in Australia.* Building partnership. 2000.

〈トピックス〉

メンタルヘルスリテラシー　地域の中でうつ病の最もよい治療を阻むもの

（RD・ゴールドニーらの報告、J.Affect Disord.,64，277-284, 2001）

ヘルスプロモーションの視点に立った自殺予防対策を進めるにあたっては、行政や医療機関、ボランティアなどの関係者の活動とともに、一般住民の理解が重要である。しかし、この点に関してはさまざまな取り組みが現場レベルで行われているのみで、学問的な研究は始まったばかりである。

健康に関する情報とサービスを理解し、それを健康の向上に利用できる能力は、ヘルスリテラシーとして定義され、ヘルスプロモーションの進展の重要な要素として位置づけられている。自殺予防に関しても同様であり、自殺予防に関するヘルスリテラシーが求められている。しかし、自殺予防のヘルスリテラシーが何たるかは、まだ確立されていない。ここではうつ病のヘルスリテラシーに関するオーストラリアの文献を紹介する。

メンタルヘルスリテラシー（精神疾患に関するヘルスリテラシー）のなかでもうつ病に注目して評価したものが本研究である。対象はオーストラリアの地域住民約三〇〇〇人である。面接調査法により、大うつ病の典型的事例を病名を伏せて提示し、似たような経験の有無、事例をどう理解したか、どのような支援が適切か、それらの支援は有効であるか、有害であるか等を質問した。同時に「精神疾患の診断・統計マニュアル第四版」を用いてうつ病の診断を行い、うつ病の有無によるメンタルヘルスリテラシーの違いを検討した。自由回答式の面接調査では、提示されたうつ病の事例をうつ病と判断した割合は、うつ病の人もうつ病でない人も約五〇％で、差がなかった。（図3）また、大うつ病の患者で、抗うつ薬を有効と答えた者が四〇％いたが、有害との回答も四〇％いた。以上の結果は、うつ病に関する社会的な健康教育の必要性が高いことを示唆している。

秋田大学の研究チームが、秋田県内で実施した調査の一部で同様の事例を提示した質問を行ったところ、「心の病気」との回答が三〇歳代では約八〇％であったが、年代が上がるにつれて減少し、八〇歳代では約二五％に低下した結果が得られている。ただし、この研究はゴールドニーらの調査とは異なり回答を選択式としているため直接の比較は出来ない。地域において、メンタルヘルスリテラシーを測定し分析する事は、メンタルヘルスリテラシーの健康教育を誰に対しどのように進めていくかを明確にする上で役立つと考えられる。

社会において自殺や精神疾患に関するメンタルヘルスリテラシーが低いことは、個々のケースの適切な治療や予防を妨げるだけでなく、社会的支援の低さとも結びつく。ヘルスプロモーションの視点に立った自殺予防対策にはメンタルヘルスリテラシーの評価に基づく適切な対策の実施が重要である。

（金子善博）

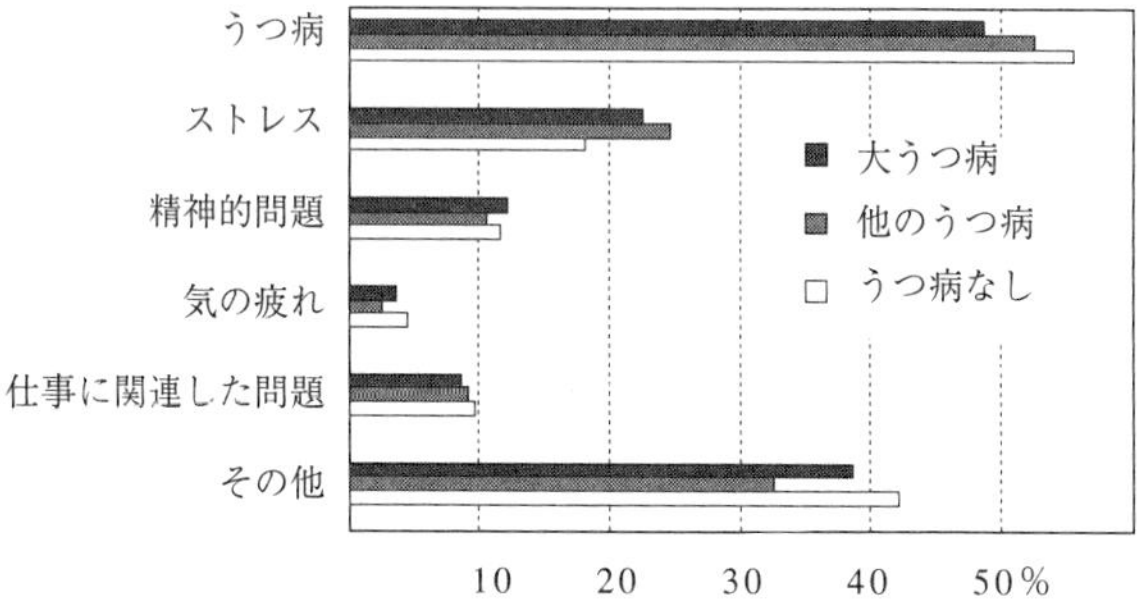

図３　大うつ病の事例をどう理解したかというメンタルヘルスリテラシーの結果を示す。提示された事例をうつ病と理解した人は、うつ病の人もうつ病なしの人も約50％で差がなかった。

おわりに

外国の自殺予防対策の実情をインターネットで調べ始めたときに、分厚い文献がいくつもネット上に掲載されていることに驚くとともに、その精力的な仕事ぶりに圧倒されたというのが実情であった。私は秋田県という日本の片隅でそれなりに自殺予防対策に取り組んできたつもりであったが、まだまだ追いついていないかもしれないというのが偽らざる心境であった。「外国は外国、日本は日本」と思いながらも、あちらでやっていることが気にならざるを得なくなってきた。そんな経緯から、科学研究費の研究申請をしたところ、幸いなことに採択された。

こうして、私はフィンランドと中国を訪問する機会を得た。平成十六年十一月にフィンランドのヘルシンキへと飛んだ。フィンランドの冬は非常に厳しく、秋田よりさらに日照時間が少ないゆううつな気候であった。しかし、フィンランドの自殺予防戦略を指導したマイラ・ウパンネ博士に会って話を聞いていたら、そんなゆううつな気分が吹っ飛んでいくような感じになった。何事でもひとつのことを成し遂げることのできる人はひと味もふた味も違う。ウパンネ博士の話は明快で、そのお人柄も魅力的であった。自殺予防というような一見すると暗い話題であるはずなのだが、きわめてさわやかな気持ちでウパンネ博士との面談を終えることができた。フィンランドの自殺予防対策の成果と限界は本文中に書いたとおりであるが、世界で初めて国家レベルの自殺予防対策を遂行したという事実は世界的にも高く評価されている。「もうすぐ定年です」といわれたウパンネ博士の笑顔にはひとつのことを成し遂げた人の自信のようなものも感じられた。こういった個人的な交流を通じて、プロジェクトの成功の秘訣のようなものを実感することができたのは、フィールド研究のよい点であろう。

また、中国では川上憲人先生とともに十二月の北京を散策することができた。北京自殺予防研究センターや北京大学精神保健研究所を一緒に訪問し討議を深めるとともに、夕食で北京ダックなどを一緒に食べながら、中国の自殺予防対策の現状を分析したりすることができた。川上先生には中国の自殺予防対策の実情を本書でわかりやすく説明していただいた。隣国である中国の国家レベルの自殺予防対策の動きを実にリアルに伝えていただいたと思っている。いわば、旬の情報をここに伝えることができたことを編者として大変喜ばしく思っている。

本書がどのような形で社会に役立つのかは私自身も見えにくい部分がある。日本の自殺予防対策が、世界のなかでどのような位置にあるのかが、読者に少しでも見えてきたようであれば、おそらく本書の意図は達成されたといえるのかもしれない。しかし、それだけでは飽き足らないような気もする。世界の多くの国が知恵を出して実施してきた自殺予防対策のひとつひとつが、ひょっとしたらわが国の自殺予防対策にいかせるかもしれない。本書を読んで、こんなことならば私たちも実行できるかもしれないと思う方々がいれば、編者冥利に尽きるといえるだろう。

本書の出版にあたり、海鳴社の辻和子さんには大変お世話になった。辻さんが私の自殺予防研究の成果を伝える新聞記事を読んで下さり、直接ご連絡いただいたことが本書の出版につながっている。わが国の自殺予防対策を含めて、海外の自殺予防対策を紹介する本を作りたいという私のわがままな要求を受け入れていただき、企画の段階からさまざまなアイデアを出してくださったことに心から感謝申し上げます。また、原稿の締め切りを遙かにすぎても、最後まで辛抱強く原稿が集まるのをまっていただいたことも大変ありがたく思っております。

最後に、本書が多くの読者の目に触れ、今後のわが国の自殺予防対策の推進に役立つことを期待いたします。

本橋　豊

著者紹介〈執筆順〉

本橋　豊（もとはし　ゆたか）

一九五四年生まれ。東京医科歯科大学大学院医学研究科修了。医学博士。現在、秋田大学医学部教授。専門は公衆衛生学。主な著書に、『夜型人間の健康学』（二〇〇二年、山海堂）、『心といのちの処方箋』（二〇〇五年、秋田魁新報社）、『自殺は予防できる――ヘルスプロモーションとしての行動計画と心の健康づくり活動』（二〇〇五年、すぴか書房）など。

高橋祥友（たかはし　よしとも）

一九五三年生まれ。金沢大学医学部卒業。医学博士。現在、防衛医科大学校・防衛医学研究センター教授。専門は精神医学。主な著書に、『自殺の心理学』（一九九七年、講談社）、『群発自殺』（一九九八年、中央公論新社）、『医療者が知っておきたい自殺のリスクマネジメント』（二〇〇二年、医学書院）、『自殺のポストベンション：遺された人への心のケア』（二〇〇四年、医学書院）、『新訂増補：自殺の危険：臨床的評価と危機介入』（二〇〇六年、金剛出版）、『うつ』（二〇〇六年、新水社）、『自殺を防ぐ』（二〇〇六年、岩波書店）、など。

中山健夫（なかやま　たけお）
一九六一年生まれ。東京医科歯科大学医学部卒業。医学博士。現在、京都大学大学院医学研究科助教授。専門は疫学、健康情報学。主な編著・訳書に、『社会医学事典』（二〇〇二年、朝倉書店）、『不平等が健康を損なう』（二〇〇四年、日本評論社）、『根拠に基づく健康政策のすすめ方』（二〇〇三年、医学書院）、『根拠に基づく保健医療』（二〇〇五年、エルセビア・ジャパン）など。

川上憲人（かわかみ　のりと）
一九五七年生まれ。東京大学大学院医学系研究科修了。医学博士。現在、東京大学大学院医学系研究科教授。専門は、精神保健学、特に精神保健疫学、職場のメンタルヘルス。主な著書は、日本産業衛生学会産業精神衛生研究会編『職場のメンタルヘルス——実践的アプローチ』（二〇〇五年、中央労働災害防止協会）、川上憲人、甲田茂樹（編）青山英康（監）『今日の疫学』（二〇〇五年、医学書院）など。

金子善博（かねこ　よしひろ）
一九七二年生まれ。東京医科歯科大学大学院医学研究科修了。医学博士。現在、秋田大学医学部講師。専門は公衆衛生学。主な著書に、『心といのちの処方箋』（二〇〇五年、秋田魁新報社）、『自殺は予防できる——ヘルスプロモーションとしての行動計画と心の健康づくり活動』（二〇〇五年、すぴか書房）など。

【著者】（略歴は本書288頁参照）
本橋　豊（もとはしゆたか）
高橋祥友（たかはしよしとも）
中山健夫（なかやまたけお）
川上憲人（かわかみのりと）
金子善博（かねこよしひろ）

STOP！　自殺

2006年4月28日第1刷発行
2007年9月10日第2刷発行

発行：（株）海 鳴 社

〒101-0065　東京都千代田区西神田2-4-6
電話：（編：FAX）(03)3234-3643　（営）(03)3262-1967
振替口座：00190-3-31709　http://www.kaimeisha.com/
組版：海鳴社　印刷・製本：シナノ印刷

出版社コード：1097
ISBN 4-87525-231-5